ham operation series

Operation Manual for Beginners

ビギナー・ハムのための
オペレーション・マニュアル

アマチュア無線の世界を紹介！

CQ ham radio 編集部〔編〕

CQ出版社

まえがき

　本書は，アマチュア無線従事者免許証を取得したばかりのビギナーや，しばらくアマチュア無線を離れていた，いわゆるカムバック・ハムのための運用ガイドです．
　初めてアマチュア無線の世界に触れる人には，アマチュア無線の楽しみ方を感じ取ってもらえると思います．また，久しぶりにこの世界に戻ってきた人は，以前と違う楽しみ方を見つけられるのではないでしょうか．

　毎年たくさんの人がアマチュア無線の門を叩きますが，その多くが短期間で去ってしまいます．これはアマチュア無線に魅力がないのではなく，アマチュア無線の楽しさを知る機会がなかったことが原因だと考えられます．
　アマチュア無線は，一生かけてもそのすべてを楽しみ尽くせない，とても奥の深い世界です．ここに書かれた内容が，アマチュア無線の基本的な楽しみ方を紹介し，充実したハムライフを送る上での一助となれるのではないかと思います．

　本書は月刊CQ ham radio誌2007年1月号から12月号に連載された「ビギナーハム養成講座」をもとに，大幅に加筆，修正したものです．連載では十分にお伝えできなかった内容を，さらに深くかつ広く，そして詳細な解説を行っています．アマチュア無線のいろいろな楽しみ方や，ハムライフに直接役立つ有益な情報も紹介しています．

　アマチュア無線は単なる通信の道具ではありません．電波を使ったコミュニケーションを取ることにより，無限の広がりを持つ素晴らしい趣味なのです．本書にも書ききれなかった楽しみ方がほかにもたくさんあります．しかしそこから先は，アマチュア無線を続けていくうちに大きく成長した皆さんが，自分自身で見つけてください．
　一生の趣味にできるアマチュア無線を，本書とともに息長く楽しんでもらえることを願っています．

2008年8月　CQ ham radio編集部

目次

ビギナー・ハムのための
オペレーション・マニュアル

はじめに

第1章　ようこそアマチュア無線の世界へ　11
JR3QHQ　田中　透

1-1　大自然を相手にする趣味．アマチュア無線の楽しみ方　11
1-2　電波にはいろいろな特徴がある　11
 1-2-1　電離層で反射するHF帯の電波　11
 1-2-2　太陽の活動に左右される電離層　12
 1-2-3　VHF帯でも遠くの局と交信できることがある　12
 1-2-4　Eスポが発生すると遠くの局と交信できる　13
1-3　いろいろなモードで楽しもう　14
 1-3-1　いろいろな変調方式　14
 1-3-2　ほかにもある通信方式　15
1-4　いろいろな楽しみ方　15
 1-4-1　QSLカードを集める楽しみ　15
 1-4-2　目標を立ててアワードに挑戦　16
 1-4-3　移動運用，究極は海外で　16
 1-4-4　コンテストに参加しよう　17
 1-4-5　人工衛星を使っての運用（サテライト通信）　17
 1-4-6　フィールドを駆け巡るARDF　18
 1-4-7　インターネットを使ってアマチュア無線を運用する　18
 1-4-8　世界中の人と交信しよう．海外交信の楽しみ　19
 1-4-9　クラブに入りましょう　20
 1-4-10　そのほかの楽しみ方　21
1-5　手に入れる無線機について　22
 1-5-1　HF帯の電波が出る無線機を選ぶ　22

第2章　アマチュア無線を楽しむ第一歩
アマチュア無線局を開局しよう　23
JR3QHQ　田中　透

2-1　無線局に必要な機材　23
 2-1-1　無線機のジャンルについて　23
 2-1-2　アンテナについて　25
 2-1-3　そのほかに必要なもの　26
2-2　アマチュア局の開局申請　28
 2-2-1　申請前の準備　28
 2-2-2　無線局免許申請書の書き方　30

	2-2-3　技適機種以外の無線機を使って申請する場合　33
	2-2-4　電波利用料前納申出書　34
	2-2-5　書類の提出　34
2-3	アマチュア無線を楽しみましょう　35
COLUMN	技術基準適合証明　36

第3章　アマチュア無線を楽しむ上で大きな力になってくれる JARL（一般社団法人 日本アマチュア無線連盟 The Japan Amateur Radio League,Inc）について　37
JR3QHQ　田中 透

3-1	JARLの始まり　37
3-2	JARLの組織　37
3-3	JARLの活動　38
	3-3-1　QSLカードの転送業務　38
	3-3-2　アマチュアバンド（周波数）の確保や制度の改善　39
	3-3-3　国際アマチュア無線連合（IARU）の日本の代表機関　39
	3-3-4　機関誌（JARL NEWS）の発行　40
	3-3-5　アワードの発行やコンテストの実施　40
	3-3-6　アマチュア無線フェスティバルや各種の講習会の開催　41
3-4	身近に感じる支部の活動と登録クラブそして会員　42
3-5	そのほかの活動　43
COLUMN	レピータ局の使い方　42

第4章　初めて交信するビギナーのために アマチュア無線の交信入門　45
JR3QHQ　田中 透

4-1	交信を始める前に　45
	4-1-1　ワッチから始めよう　45
	4-1-2　普段の話し方でOK　45
4-2	交信の方法　46
	4-2-1　アマチュア無線の交信例　46
	4-2-2　交信内容の解説　48
4-3	円滑な交信をするために　56
	4-3-1　Q符号　56
	4-3-2　略語と専門用語　56
4-4	交信するバンドについて　59
	4-4-1　アマチュアバンドの特徴とバンドプランについて　59
	4-4-2　バンドプランに書かれている言葉の意味　59
	4-4-3　各アマチュアバンドの紹介　60
4-5	ログの書き方　66
4-6	自信を持って交信しよう　67
COLUMN	CQ フィフティーン・メーター　68

第5章　QSLカードを交換しましょう　69
交信後のさらなる楽しみ
JR3QHQ　田中 透

- 5-1　QSLカードとは　69
- 5-2　QSLカードに書かれている内容の意味　69
- 5-3　QSLカードの製作　71
- 5-4　QSLカードの書き方　72
- 5-5　SWLから届くカード　73
  - 5-5-1　SWLカードとは　73
  - 5-5-2　SWLへのカードの書き方　74
- 5-6　QSLカードの送り方　75
  - 5-6-1　JARLビューローを経由してQSLカードを送る　75
  - 5-6-2　SASEでQSLカードを送る方法　78
- 5-7　QSLマネージャーについて　80
  - 5-7-1　QSLマネージャーとは　80
  - 5-7-2　QSLマネージャー情報の入手先　80
  - 5-7-3　QSLマネージャーへQSLカードを送る　81
- 5-8　QSLカードの交換を楽しんでください　82

第6章　移動運用に出かけよう　83
自宅を離れて無線を楽しみませんか
JL3JRY　屋田 純喜

- 6-1　アンテナを持ってフィールドに飛び出そう　83
  - 6-1-1　移動運用のスタイルについて　83
- 6-2　移動運用には何を準備すればいいの？　85
  - 6-2-1　移動運用に必要なもの　86
  - 6-2-2　そのほかに必要なもの　89
- 6-3　移動運用地の選定について　90
  - 6-3-1　まずは自宅近くの移動地を見つけよう　90
  - 6-3-2　移動地情報を手に入れよう　90
  - 6-3-3　地図を見る楽しみ（山頂まで車で行ける山探し）　90
- 6-4　移動運用地に到着して運用開始　でもその前に　91
  - 6-4-1　事前のチェックが大事　91
  - 6-4-2　運用地の住所を調べる　91
- 6-5　移動運用のアンテナの建て方　92
  - 6-5-1　強風が吹いても倒れないように　92
- 6-6　運用を楽しもう　93
  - 6-6-1　運用開始　パイルアップになったら　93
  - 6-6-2　移動運用中の楽しみはさまざま　94
  - 6-6-3　無事移動運用が終了したら　94
- 6-7　移動運用地で特に気を付けること　94

6-8		移動先での出会いは友好的に　95
COLUMN		移動運用実践編　1
		7MHzフルサイズ・ダイポールを野外で設営する　96
COLUMN		移動運用実践編　2
		本格的八木アンテナ用ポール設営方法　99

第7章　アマチュア無線の競技会 コンテストに参加しよう　103
JL3JRY　屋田 純喜

- 7-1　コンテストとは何か？　103
  - 7-1-1　コンテストの概要　103
  - 7-1-2　コンテストで日頃の技術を試そう！　103
- 7-2　コンテストのルールを知ってさらに楽しく　104
  - 7-2-1　コンテストの開催日を調べよう　104
  - 7-2-2　参加部門・種目を決めよう　105
  - 7-2-3　参加部門の選択　あなたは電話派？電信派？　105
  - 7-2-4　参加種目の選択　あなたは個人？団体？得意なバンドは　107
  - 7-2-5　そのほかの確認事項　108
- 7-3　実際のコンテストに参加してみよう　108
  - 7-3-1　運用周波数が定められている　108
  - 7-3-2　コンテスト・ナンバーとは　109
  - 7-3-3　コンテストのCQ呼び出し　110
  - 7-3-4　実際のコンテスト交信例　110
  - 7-3-5　交信記録（ログ）の作成について　111
- 7-4　コンテスト終了！書類の提出について　112
  - 7-4-1　提出する書類は2種類　112
  - 7-4-2　コンテストの得点およびマルチプライヤーの計算方法について　115
  - 7-4-3　電子ログでらくらく提出　115
- 7-5　コンテストを楽しむポイント　116
  - 7-5-1　コンテスト規約をよく理解しよう　116
  - 7-5-2　呼ぶことから始めよう　116
  - 7-5-3　日頃から運用バンドの特長をつかむ　116
  - 7-5-4　大きなアンテナ・高出力が入賞の条件ではない　117
  - 7-5-5　コンテストは体力・忍耐・機敏な判断力が重要　117
- 7-6　海外局が相手のコンテストにも参加してみよう　118
- 7-7　楽しくコンテストに参加しよう　118

第8章　モチベーションの維持におおいに役立つ アワードを楽しもう　119
JA3DBD　宮本 荘一

- 8-1　アワードを楽しんでみませんか　119
  - 8-1-1　アマチュア無線の世界へようこそ　119

		8-1-2	目標を持ってアマチュア無線を楽しみましょう 119
8-2	……	アワードとは 120	
		8-2-1	アワードは交信実績の証明書 120
		8-2-2	アワードを取得するまでの流れ 120
8-3	……	さまざまな種類があるアワード 121	
		8-3-1	アワードはルールによっていくつかの種類に分けられる 121
		8-3-2	美しいデザインのアワードもある 122
8-4	……	どんなアワードを目指せばいいのか 123	
		8-4-1	HF帯ならJCC100からスタート 123
		8-4-2	HF帯では交信できるエリアが大きく変化する 123
		8-4-3	V/UHF帯では局数を集めるアワードがお勧め 124
8-5	……	アワードの申請を行う方法について 125	
		8-5-1	電子ログの使用が便利 125
		8-5-2	アワードが完成しているかどうかを確認する 125
		8-5-3	申請書を作成する 126
8-6	……	アワードに有効な局を探そう 129	
		8-6-1	コンテストに参加する 129
		8-6-2	クラブ主催のネットやロールコールに参加する 129
		8-6-3	的確にコンディションをつかむ 130
		8-6-4	多くの局と交信する 130
8-7	……	アワード情報の探し方 130	
		8-7-1	アワードの本やインターネットを活用する 130
		8-7-2	クラブに入会して情報を得る 131
8-8	……	パソコンを活用する 131	
8-9	……	ビギナー向けのアワード紹介 132	
8-10	……	アワードはロング・ハムライフの秘訣 134	

第9章 アマチュア無線で世界を感じる 海外交信の楽しみ方 135
JR3QHQ　田中 透

9-1	……	海外交信の楽しみ方 135	
		9-1-1	小さな設備の局でも海外交信を楽しめる 135
		9-1-2	電離層で反射して電波が飛んでいく 136
		9-1-3	約11年周期で電波の飛び方が変化する 136
9-2	……	実際の交信方法 136	
		9-2-1	ラバースタンプQSO 136
		9-2-2	ラバースタンプQSOの例 137
		9-2-3	付け加えるとさらに英語の交信らしくなる文面 140
9-3	……	DXペディションとは何 142	
9-4	……	少しずつステップアップしてください 143	
COLUMN	……	太陽活動が活発なときのHF帯 143	

第10章　アマチュア無線におけるコンピュータの活用　145
楽しみ方を大きく広げてくれるパートナー
7J3AOZ　白原　浩志

- 10-1　アマチュア無線業務における事務処理への利用　145
  - 10-1-1　電子交信記録（ログ）ソフトウェア　145
  - 10-1-2　QSLカード印刷　145
  - 10-1-3　アマチュア無線局免許関係の申請手続き　146
- 10-2　PCを使った各種モードの運用　147
  - 10-2-1　RTTY（ラジオテレタイプ）　147
  - 10-2-2　SSTV（スロー・スキャン・テレビジョン）　148
  - 10-2-3　PSK（PSK31，QPSK31など）　148
  - 10-2-4　PCによる送・受信音声の処理　149
  - 10-2-5　PCのソフトウェアによるデジタル音声通信　149
  - 10-2-6　PCのソフトウェアによる電信の運用　150
  - 10-2-7　ソフトウェアラジオ（SDR）　150
- 10-3　PCによるアマチュア無線機器の制御　151
  - 10-3-1　無線機の制御　151
  - 10-3-2　アンテナ・ローテーターの制御　152
  - 10-3-3　そのほかにもさまざまな制御を行う　152
- 10-4　コンテストにおけるPC利用　152
  - 10-4-1　コンテスト中の各種作業　152
  - 10-4-2　各種自動機能　153
  - 10-4-3　マルチバンド・マルチオペレーターでのPC利用　153
  - 10-4-4　コンテスト終了後の作業　153
- 10-5　アマチュア衛星通信におけるPCの利用　154
- 10-6　アマチュア無線におけるインターネットの利用　154
  - 10-6-1　DXクラスター　155
  - 10-6-2　VoIP（Voice over Internet Protocol）技術とアマチュア無線の融合　155
  - 10-6-3　無線機などの遠隔制御　155
  - 10-6-4　海外のアマチュア無線書籍や機器の入手　156
  - 10-6-5　情報の入手やコミュニケーション　156
  - 10-6-6　そのほかのインターネット上のサービス　157
- COLUMN　役立つWebページ紹介　158

資料編　163
JCC/JCG/区ナンバー　163
グリッド・ロケーター　172
索引　175

第01章

ようこそ
アマチュア無線の世界へ

JR3QHQ　田中 透 *Toru Tanaka*

　アマチュア無線の免許を初めて取った人が，どのようにしてアマチュア無線を楽しめばよいかを紹介します．運用の初歩から，いろいろな楽しみ方をお届けします．

1-1　大自然を相手にする趣味．アマチュア無線の楽しみ方

　皆さん，どのような目的でアマチュア無線の資格を取りましたか？　その目的は人それぞれ違うことでしょう．筆者は「見知らぬ遠くの人と知り合いになりたい」と思って免許を取りました．ただし開局当初は，アマチュア無線のことをまったく知らなかったため，その目的とかけ離れた無線運用をしていました．

　筆者が初めて電波を出したのは，144 MHz帯のFMでした．当時はこの144 MHzのみがアマチュア無線だと信じていたからです．今から思えば本当に何も知らなかったと恥ずかしく思います．でも，多くの方と交信をすることで少しずつアマチュア無線というものを理解してきたのです．

　本章では，当時の筆者のような方のために，アマチュア無線の楽しみ方を紹介したいと思います．

1-2　電波にはいろいろな特徴がある

　さて，アマチュア無線の楽しみ方と一言で言ってもここに書ききれないくらいたくさんあります．まずは，基本的なことから紹介しましょう．それは，電波です．これを知らないと前へは進めません．電波は，漢字のとおり電気の波です．それを周波数（波長）によって区別します．また周波数によって，それぞれ特徴を持っています．

　決まった周波数しか割り当てられない放送局などとは違い，アマチュア無線では低い周波数から高い周波数まで多くの電波を使えます．ここでは，その特徴について解説します．

1-2-1　電離層で反射するHF帯の電波

　普段の生活で皆さんが接する機会が多い周波数は，FM放送やテレビ放送などに使われている周波数でしょう．電波について理解していただくために，まずは「HF帯」と呼ばれる短波放送で使われる周波数の特徴から説明します．

　HF帯は "High frequency" つまり高い周波数を表します．当然，それより低い周波数もあります．例えば，皆さんがAMラジオでご存じの中波帯 "Middle frequency" もその一つです．このHF帯の電波は，電離層と言われる空高く雲のように漂っているもの（電子の粒）に反射する特徴を持っています．その特

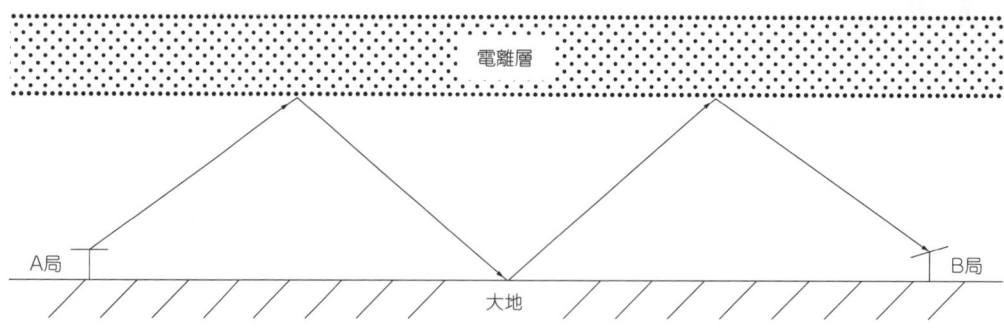

図1-1 HF帯の電波は電離層と地上で反射して遠くまで届く
A局から発射された電波は反射を繰り返すことにより，遠くのB局まで届く．

徴を生かして，遠くの局と交信することができます（**図1-1**）．
　この電離層は自然発生するものなので，いつでも上空にあるわけではありません．したがって，いつでも電離層を使った交信ができるとは限りません．ここが，アマチュア無線の面白さです．また，交信相手がいつもいるとも限りません．偶然が面白いのです．
　携帯電話や防災無線，警察無線，航空無線などは，その性質から絶対に通じることが要求されますが，アマチュア無線では要求されません．

■ 1-2-2　太陽の活動に左右される電離層

　電離層は自然に発生すると説明しました．この電離層は，太陽の黒点数によって大きく影響を受けます．皆さんがご存じのとおり，地球上におけるすべての生命・自然は太陽の活動によって左右されているのです．この電離層も例外ではありません．
　太陽の活動にも活発な時期とそうでない時期があり，これが約11年周期で繰り返されています．この周期を「サイクル」と呼んでいます．太陽活動が活発な時期は黒点の数が増えます．これが電離層に影響して電離層の活動も活発になり，電波が世界中に飛んでいきます．逆に，太陽活動が低迷しているときは電波の飛びが悪くなります．また，季節の変化によっても電離層が影響を受け，電波の飛び方が変わってきます．
　これがアマチュア無線は大自然を相手にする趣味という意味なのです．

■ 1-2-3　VHF帯でも遠くの局と交信できることがある

　今度はVHF帯やUHF帯の周波数を説明しましょう．これらはHF帯よりも上（高い）の周波数です．Vは"Very"，Uは"Ultra（ウルトラ）"を意味します（単純に短波帯よりもっと高い周波数と考えてください）．これらの周波数は，皆さんよくご存じのFM放送やテレビ放送などで使われています．
　これらの周波数は電離層で反射せず，そのまま宇宙へ突き抜ける特性があります．そのため，これらの周波数では基本的に遠くの人とは交信できません．けれども，宇宙へ飛ぶ特性を生かし，スペースシャトルや国際宇宙ステーションとの交信に使います．
　先ほど「VHF帯やUHF帯の周波数は，電離層に反射せずそのまま突き抜ける特性がある」と書きましたが，実は例外があります．
　皆さんは，夏場にNHKのテレビを見ていて「気象条件により電波の状態がよくありませんので画像が

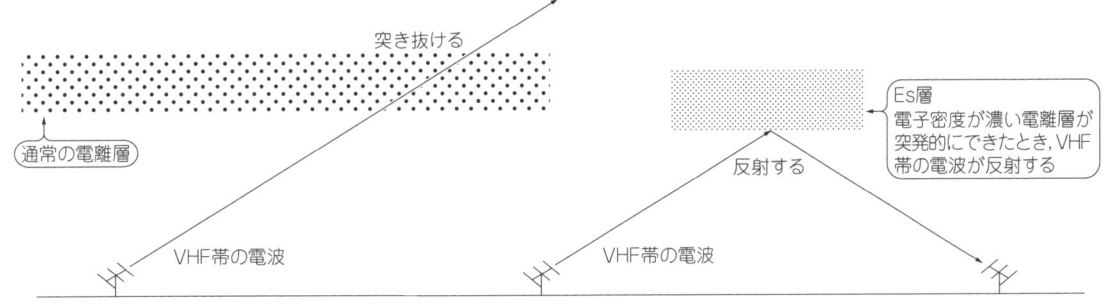

図1-2 VHF帯以上の電波は電離層を突き抜ける
VHF帯以上の電波は通常電離層を突き抜けるが，Es層が出現した場合にはVHF帯の電波が反射される．

乱れることがあります．そのような場合は，お近くのUHF局へ…」といったテロップを見たことはありませんか？ このときがその例外なのです．このとき，VHF帯に出ているアマチュア局は，てんやわんやの大騒ぎになっています．

これは，夏場にときどき発生する"スポラディックE層（Eスポと略す）"という電離層が現れているときです（図1-2）．NHKなどの放送局にとっては，混信が発生して迷惑なものです．けれどもEスポが発生すると，筆者の住んでいる関西からは普段交信できない，北海道の局や九州の局と交信できたりします．ときには海外の局と交信できる場合もあります．これも自然に発生するため，いつ出てくるのかわかりません．これもアマチュア無線の醍醐味の一つです．

繰り返しますが，このようにアマチュア無線というのは大自然を相手にする趣味です．そして，人と人とのコミュニケーションを大事にする趣味なのです．

■ 1-2-4　Eスポが発生すると遠くの局と交信できる

さて，この大自然を相手にする趣味であるアマチュア無線ですが，実際にはどのようなことができるのでしょうか．筆者をモデルにして話を進めていきましょう．

筆者は，中学2年生のときに4アマ（当時の電話級）を取りました．はじめに述べたように，144 MHzのFMだけがアマチュア無線だと思っていました．そして，いろいろ人と交信していくうちに，QSLカードの交換方法やQ符号などの存在を知りました．

ローカルと言われる近所の友達もできて，毎晩その人たちとおしゃべりをしていました（ローカル・ラグチューと言われるものです）．だんだん無線のことが理解できてきました．ところが，毎晩電波を出していると，交信する相手も決まってきて，面白くなくなってきます．電波の到達距離も決まってきます．そんなとき，50 MHz（6 mバンド）が，面白いと言われ，50 MHzの無線機を入手してグラウンド・プレーン（GP）と言われるアンテナを上げて運用を開始しました．

ある夏の日の夕方，何気なく50 MHzを聞いていると突然，強い電波で北海道の局が聞こえてくるではありませんか！ 筆者は自分の耳を疑いました．それは，紛れもなくスポラディックE層という電離層の反射でした（このとき，Eスポのことをまったく知りませんでした）．今まで自分の住んでいる近くの人としか交信をしたことなかった筆者は，興奮気味で北海道の局と交信しました．これが，筆者が初めて遠方の局と行った交信です．

「何と無知な」と思われるかもしれません．しかし，国家試験に合格しただけでは，実際の運用にはほ

とんど役に立ちません．経験を積み重ねて多くのことを学ぶ必要があります．このEスポは，50 MHzより低い周波数でよく交信できます．144 MHzまで使えることは少なく，430 MHz以上では，Eスポでの伝搬はありません．これも経験が教えてくれるでしょう．

1-3 いろいろなモードで楽しもう

ここで，変調方式(モード)の特徴について簡単に説明しておきましょう．

1-3-1 いろいろな変調方式

・FM

FMといわれる変調方式は，ラジオのFM放送のように音がきれいに聞こえます．交信の際にこのFMで行えば聞きやすくなります．難点は，周波数の幅を多く使うことです．つまり，狭い周波数帯しかないバンドでは多くの局が使えません．このことから，24 MHz帯以下のHF帯のアマチュアバンドでFMは許可されていません．28 MHz以上の周波数帯で使われています．特に144 MHz帯と430 MHz帯はたいへん多くの局がFMを使って運用しています．

・AM

AMという言葉は，AMラジオでよくご存じでしょう．AMというのも実は変調方式の一つです．回路が簡単なため，昔はよく使われていましたが，現在のアマチュア無線ではSSB(後述)に移っていき，ほとんど使われなくなりました．しかし今でも，50 MHz帯ではAMの運用が行われており，50.5 MHz付近で交信を聞くことができます．

・SSB

SSBは優れものの変調方式で，周波数の幅を多く使わず声を届けられます．またSSBは，FMやAMで届かなかった遠くの局とも交信できる素晴らしい変調方式で，多くのアマチュア無線家がこのSSBを使って交信しています．

SSBは，周波数を合わせるのが少し難しいかもしれません．しかし，ゆっくり無線機のダイヤルを回し，音を作り上げるような感じで合わせていけばうまくいきます(慣れれば大丈夫)．

・CW

CWとは電信のことで，モールス符号を使って交信します．電信は1文字ずつ符号を送るので，電話に比べて交信に時間がかかります．そこで，交信では略語を多用します．有名なものに，遭難信号のSOSがあります．

交信に時間がかかるCWですが素晴らしい特徴もあります．それは，非常に弱い電波でも交信ができる点です．SSBやFMでは「何か聞こえているが，何を言っているのかわからない」ということがあります．しかし，電波を断続させて符号を送るCWでは，信号が確認できれば符号がわかるので，交信が可能なのです．

船舶の通信など，業務で使われる通信ではCWはほぼ廃止され，衛星通信などに切り替わってしまいましたが，アマチュア無線ではまだまだ立派な現役です．少ない出力で遠くの局と交信ができるCWを多くのアマチュア無線家が楽しんでいます．

写真1-1
SSTVの画面写真
SSTVは静止画像を送り合う交信方法．

■ 1-3-2　ほかにもある通信方式

　変調方式にはFMやAM，SSBなどがあると書きましたが，ほかにもいろいろあります．

　最近は，D-STARと呼ばれるデジタル方式の通信もできるようになりました．皆さんが使っている携帯電話は，すべてデジタル方式です．

　また，パソコンの画面を見ながら文字で通信するRTTYやPSK，画像や映像を送るSSTVにATVなどがあります（**写真1-1**）．SSTVやATVは，画像や映像を送るため，相手の顔を見ることができます．SSTVで，日本の局は自分の顔をあまり送ってきませんが，外国の局は必ず顔を送ってきます．なかなか面白いですよ．

■ 1-4　いろいろな楽しみ方

　アマチュア無線の楽しみ方は，おしゃべりだけではありません．今度はいろいろな楽しみ方を簡単に紹介します．

■ 1-4-1　QSLカードを集める楽しみ

　アマチュア無線で交信すると，QSLカード（**写真1-2**）という交信証明書を交換します（必ず交換しなくてはいけないということではない）．交信局数が増えてくると，自然にQSLカードも集まってきます．それぞれ特徴のあるカードが届くので，眺めるだけでも楽しいものです．もちろん，自分のQSLカードも忘れずに送ってください．

　QSLカードの交換は，郵便で直接やり取りする方法もありますが，JARL（社団法人　日本アマチュア無線連盟）のQSLカード転送サービスを利用する方法が一般的です．

　QSLカード転送サービスとは，自分が発行するQSLカードをまとめてJARLに送ると，JARLが仕分けをしてそれぞれの局に転送してくれるものです．同じように，それぞれの局からJARLに届いた自分あてのQSLカードもまとめて郵送で届けてくれます．

　このサービスを利用すると切手代が節約できる上，相手局の住所を調べる手間も省けます．また，このサービスを利用して，海外局とのQSLカード交換もできます．

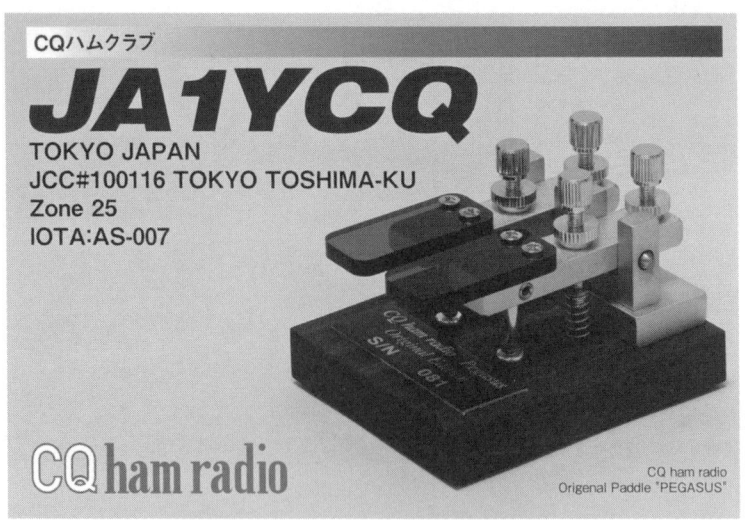

写真1-2 QSLカードの一例
QSLカードが手元に届くとうれしくなる．積極的に交換しよう．

　ただし，QSLカード転送サービスはJARL会員向けのサービスなので，QSLカードを交換する双方が会員でなければなりません（海外の局は除く）．多くの方とQSLカードを交換したいのであれば，JARLに入会したほうが便利です．

■ 1-4-2　目標を立ててアワードに挑戦

　無線の運用に慣れてくると，いろいろな目標が出てきます．たとえば，北海道から九州（沖縄）まで各エリア（日本は10のエリアに分かれている）の局と交信してみたい，日本中の都道府県や市，郡と交信してみたい，世界中の国や地域の局と交信してみたいなど，欲というのはどんどん膨れ上がります．
　それを満足させるのがアワードです．アワードとは一定条件を満たすように交信したり，QSLカードを集めることによって得られる賞状のことです．
　このアワードは，日本中や世界中にビックリするほど多くの種類があります．数分で完成するものもあれば，十年以上かかってやっと完成するものもあります．このアワードに挑戦するのも無線の楽しみの一つです．
　写真1-3は，144 MHzで100局以上のアマチュア局と交信し，そのQSLカードを集めることによって完成する「144 MHz-100局賞」です．このアワードなら，ビギナーの目標にするにはちょうどよいでしょう．

■ 1-4-3　移動運用，究極は海外で

　いつも自宅から電波を出していると，どうしても同じ人との交信が増えてきます．特に，V/UHF帯では交信エリアも限られ「頭打ち」になってしまいがちです．また，自宅にアンテナを設置できない人もいるかもしれません．そんなときは移動運用に行きましょう．移動運用というのは，自宅を離れ，電波が良く飛ぶ見晴らしの良い山などで無線を楽しむことです（写真1-4）．
　山へ移動運用に行くと，交信エリアも広がり，多くの局があなたを呼んでくるでしょう．車に無線機を設置して，車を使って移動運用をするのも面白いものです．また，旅先で電波を出せば，普段は交信

写真1-3　JARLが発行する144MHz-100局賞
交信実績を形にしてくれるアワード．アワードの獲得を目指すことは交信の励みになる．

写真1-4
移動運用へ出かけよう
見晴らしのよい場所へ移動運用に行くと，簡単な設備でも想像以上にたくさんの局と交信できる．

できない地域の局とも交信できます．地元の耳よりな話を聞けたりして，旅行がいっそう楽しくなることでしょう．

　究極の移動運用は海外で行うものです．手軽に運用できる場所は，グアムやサイパン，ハワイといったアメリカ領です．

　現在，日本は多くの国と「相互運用協定」を結んでおり，日本の免許をベースにして海外で無線を行えます．自動車の国際免許とよく似ていますね．また，「相互運用協定」を結んでいなくても，日本の免許で運用を許可してくれる国もあります．筆者は，グアムやスリランカ，フィンランド，モルジブから運用したことがあります．

　ただし，海外での運用には注意が必要です．事前に免許の申請が必要だったり，取得資格や相手国との法律の違いにより運用できる周波数が制限されたりすることもあります．

■ 1-4-4　コンテストに参加しよう

　アマチュア無線には，コンテストという競技大会があります．このコンテストとは，決められた時間内にどれだけ多くの局や地域と交信するかを競い合うものです．ほとんど毎週どこかでコンテストが行われていると言っても過言ではないでしょう．国内局同士の交信を対象にしたものでは，JARLが主催するコンテストがあり，多くの局が参加しています．また世界中の局との交信を対象にしたコンテストも多数開催されています．有名なものとしてアメリカのCQ Magazine社が主催しているCQ WW DXコンテストなどがあります．

　コンテストには誰でも参加できます．もちろん無料です．多くの局が参加しているので，短時間で簡単なアワードなら達成できるくらいの局数と交信できるでしょう．筆者は時間があれば，コンテストの参加を心がけています．

■ 1-4-5　人工衛星を使っての運用（サテライト通信）

　アマチュア無線家は，人工衛星も打ち上げています．そしてそれを有効に利用しています．この人工

写真1-5　衛星通信用のアンテナ
軌道が低い衛星なら小さなアンテナでも十分交信できる．

衛星は世界中のアマチュア無線家のもので，誰が使用してもよいものなのです．

　衛星通信（サテライト通信）と呼ばれるこの通信方法は，人工衛星を中継させることによって，V/UHF帯で日本国中どころか世界中の人と交信ができます．それに，国際宇宙ステーション（ISS）とも交信ができます．実は宇宙飛行士のほとんどがアマチュア無線の免許を持っており，ときどき趣味として無線をしています．

　使う周波数はV/UHF帯なので，アンテナも小さくてすむため，マンションのベランダからでも運用できます．一度これを経験すると面白くてやめられません．また，いつも出ているとは限らない電離層反射の通信ではなく，衛星の軌道を計算すると人工衛星が飛来する時間がわかるので，その時間に電波を出すと，相手局さえあれば必ず交信ができます．

■ 1-4-6　フィールドを駆け巡るARDF

　アマチュア無線にはARDF（Amateur Radio Direction Finding）という，電波の発信源を探索する競技があります．競技者は，広い範囲に隠された電波の発信源（TXという）を探すために，野山を駆け巡ります．そして，制限時間内に決められた数のTXを探しあててゴールに戻ってくるのです．ARDFは，探しあてたTXの数とゴールまでに要した時間によって順位が決まる競技です．

　これは受信機やアンテナの改良，電波の到来方向の予測，移動するための脚力など，さまざまな能力が要求される競技です（写真1-6）．ARDFはアマチュア無線の中で最もスポーツ性が高いジャンルです．

■ 1-4-7　インターネットを使ってアマチュア無線を運用する

　HF帯と呼ばれる周波数は，電離層反射により世界中に電波が飛んでいくため，世界中の人と交信ができます．しかし波長が長く，アンテナが大きくなることが難点です．住んでいる場所によっては，アンテナの設置が難しいこともあるでしょう．

写真1-6
ARDFに参加中の選手
受信機と一体化したアンテナと地図，コンパスを持って競技を行う．

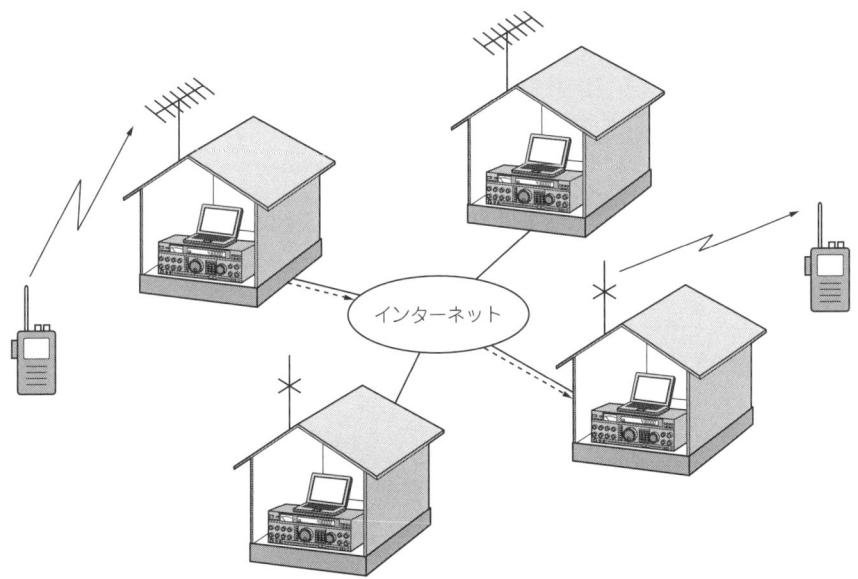

図1-3 インターネットとつながったアマチュア無線局
アマチュア無線の信号がインターネットを経由して世界中に届けられる．

　そのような場合，無線機とインターネットをつないで交信する方法もあります．インターネットとつながったアマチュア無線局を経由して，日本中，さらには世界中のアマチュア無線局と交信できるのです（**図1-3**）．この方法にはD-STAR，WIRES-X，EchoLinkなどがあります．
　これらを使えば大きなアンテナは不要で，車の中からでも日本中，ひいては世界中の人とも話ができます．筆者は，ハンディ・トランシーバでアメリカ西海岸の日本人やイギリスの局と交信した経験があります．

■ 1-4-8　世界中の人と交信しよう．海外交信の楽しみ

　アマチュア無線では，いろいろな方法で海外のアマチュア無線家と交信できると，これまで紹介して

きました．一般的な電離層反射での交信，アマチュア衛星を使った交信，インターネットを経由したアマチュア無線などです．この中から自分に合ったスタイルで世界中の人と交信してみましょう．

しかし，たぶん皆さんは大きな壁があるのに気づくと思います．それは，英語です．筆者を含めた多くのアマチュア無線家は，英語はあまり得意ではありません．でも大丈夫です．無線の交信には，「ラバースタンプ交信」という，決まった内容だけをやりとりするものがあるのです．これをマスターすれば，英語が得意でなくても交信できます．この方法で世界中の人と交信できれば，その人たちは同じ趣味を持った友人です．海外旅行に行ったとき，その国に多くの友人がいることに気づくでしょう．

筆者は，ハワイへ行ったとき無線のアンテナを見つけ，その家を突然訪ねたことがあります．片言の英語で「アマチュア無線をしている」と告げると，家の主は「マイフレンド」と言って，大歓迎をしてくれました．

世界中の人と交信をして，多くの友人を作りましょう．海外交信については「第9章 海外交信の楽しみ方」で説明しています．

■ 1-4-9　クラブに入りましょう

これから無線を始めようとする人に，無線を楽しむ一番良い方法を教えます．それは友達を作ることです．アマチュア無線ではすぐにたくさんの友達ができます．なぜなら，アマチュア無線は1人ではできない趣味だからです．相手がいなければ無線の交信はできません．

それに，アマチュア無線家は，みんな同じ趣味を持つ者同士ですから上下関係もありません．コールサインが古いからといって偉いわけではないのです．何十年も無線を楽しんでいる人も，昨日開局したばかりの小学生も，同じ1人のアマチュア無線家なのです．

そして，地元のアマチュア無線クラブに入ってください．無線についていろいろと教えてくれます．わからないことがあれば，クラブの会員に尋ねればよいのです．会員の方が丁寧に教えてくれるはずです．1人であれこれ悩むよりずっと問題解決の早道です．クラブには無線の情報がたくさんあり，毎月のミーティングなどでは何かしら新しい発見があるでしょう（**写真1-7**）．

写真1-7
クラブに入ろう
クラブはミーティングやコンテストに参加など，アマチュア無線の楽しみをさらに広げてくれる．

また，JARLが行う技術講習会などに参加するのもよい方法でしょう．スタッフが親切にあなたの疑問に答えてくれます．

■ 1-4-10　そのほかの楽しみ方

アマチュア無線にはまだまだ楽しみ方があります．初心者には難しいかもしれませんが，簡単に紹介しましょう．

- **自作の楽しみ**

アマチュア無線の原点は，無線機やアンテナを自作し，電波を出して交信を楽しむことです．しかし，現在は無線機メーカーから高性能な無線機やアンテナが売られているので「すべてを自分で作る」という方は少なくなりました．しかし，これも楽しみの一つです．

無線機の自作は敷居が高いため，最近はアンテナを自作する人が多くなっているようです（**写真1-8**）．

- **壮大なスケールのEME**

EMEは，月に向かって電波を発射し，反射して帰ってきた電波で交信するというものです．この交信を楽しんでいる方もいます．この通信を行うには大掛かりな設備や高度な技術力が必要です（**写真1-9**）．大きな出力を月に向かって発射しても，ほんのわずかな信号しか戻ってきません．でも本当の意味での衛星通信なので，ロマンがありますね．

- **マイクロ波**

マイクロ波とは，レーダーに使われているような非常に高い周波数の電波です．JARLマイクロ波委員会によると，アマチュア無線では1.2 GHz以上の周波数帯をマイクロ波と呼んでいます．しかし実際には，2.4 GHzや5.6 GHz以上のアマチュアバンドを指すことが多いようです．マイクロ波による交信を楽しむアマチュア無線家はまだ少数です．またこのマイクロ波を使ってどれくらい遠くまで電波が届くのかという実験をしている人もいます．

マイクロ波を楽しむにも高い技術力が必要です．2.4 GHz以上の周波数帯のトランシーバは市販されていないため，トランスバータ（430 MHz帯や1200 MHz帯のトランシーバをマイクロ波に変換する装置）を使うか，無線機本体を自作する必要があります．

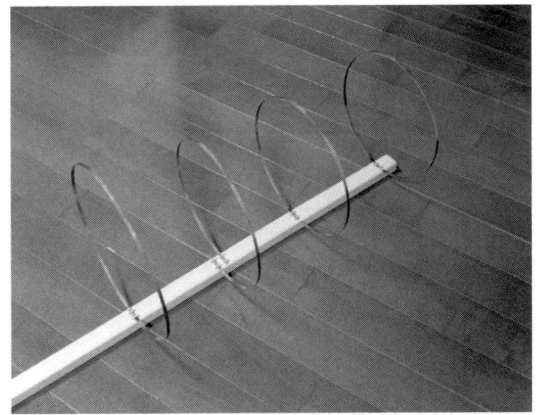

写真1-8　自作したアンテナ
簡単なアンテナならビギナーでも自作できる．

写真1-9　EMEを運用する局のアンテナ
144MHz帯のEME（月面反射通信）にアクティブなJH2COZ 井原康博さんのアンテナ・システム．

表1-1 アマチュア無線に割り当てられている周波数帯

周波数帯	動作することが許される周波数	周波数帯	動作することが許される周波数
135 kHz 帯	135.7 ～ 137.8 kHz	24 MHz 帯	24890 ～ 24990 kHz
475 kHz 帯	472 ～ 479 kHz	28 MHz 帯	28 ～ 29.7 MHz
1.9 MHz 帯	1800 ～ 1875 kHz	50 MHz 帯	50 ～ 54 MHz
	1907.5 ～ 1912.5 kHz	144 MHz 帯	144 ～ 146 MHz
3.5 MHz 帯	3500 ～ 3580 kHz	430 MHz 帯	430 ～ 440 MHz
	3599 ～ 3612 kHz	1200 MHz 帯	1260 ～ 1300 MHz
	3680 ～ 3687 kHz	2400 MHz 帯	2400 ～ 2450 MHz
3.8 MHz 帯	3702 ～ 3716 kHz	5600 MHz 帯	5650 ～ 5850 MHz
	3745 ～ 3770 kHz	10.1 GHz 帯	10 ～ 10.25 GHz
	3791 ～ 3805 kHz	10.4 GHz 帯	10.45 ～ 10.5 GHz
7 MHz 帯	7000 ～ 7200 kHz	24 GHz 帯	24 ～ 24.05 GHz
10 MHz 帯	10100 ～ 10150 kHz	47 GHz 帯	47 ～ 47.2 GHz
14 MHz 帯	14000 ～ 14350 kHz	77 GHz 帯	77.5 ～ 78 GHz
18 MHz 帯	18068 ～ 18168 kHz	134 GHz 帯	134 ～ 136 GHz
21 MHz 帯	21000 ～ 21450 kHz	248 GHz 帯	248 ～ 250 GHz

1-5 手に入れる無線機について

ここまでいろいろと書きましたが，まだまだたくさんの楽しみ方があります．これらのことをすべて行うには，相当な努力と資金などを要します．時間をかけて自分に合ったスタイルを見つけ，アマチュア無線を楽しみましょう．

1-5-1 HF帯の電波が出る無線機を選ぶ

アマチュア無線には，多くの周波数帯が許可されています(表1-1)．各周波数帯にはそれぞれいろいろな特徴があり，いろいろな楽しみ方があります．

最近は，HF帯からV/UHF帯までの電波を1台で出せる無線機が，さほど高くない価格でたくさん売られています．筆者が無線を始めたころにこのような無線機はありませんでした．

筆者は，何もわからず144 MHz帯のFMから開局しました．しかし，自分に合った本当に楽しめるアマチュア無線にたどり着くまで多くの時間を費やしてしまいました．

HF帯からV/UHF帯まで電波を出すことができる無線機が1台あるだけでも，多くの可能性を持つことができます．この無線機で開局すれば，資格によって許される範囲のほとんどの周波数の電波を出せるからです．自宅に大きなアンテナを建てられないのなら，小さなアンテナで楽しめるV/UHF帯で運用しましょう．HF帯は，受信専用のワイヤ・アンテナを張って，受信することから始めてください．受信を続け，自信が付いてきたら移動運用でHF帯を楽しむなど，いろいろな可能性がでてきます．ぜひ，HF帯からV/UHF帯の電波が出せる無線機で開局してください．

アマチュア無線は一生かかってもすべてを味わいつくせない，奥の深い趣味です．これからアマチュア無線を始める皆さんも，息永く楽しんでください．

第02章
アマチュア無線を楽しむ第一歩
アマチュア無線局を開局しよう

JR3QHQ　田中 透 *Toru Tanaka*

　皆さんは，すでにアマチュア無線局の無線設備を操作できる無線従事者免許証をお持ちだと思います．もしお持ちでない場合は，国家試験に合格するか，JARD（日本アマチュア無線振興協会）が主催する養成講習会を受けることで，資格を取得できます．ここでは，すでに資格を持っていることを前提に解説したいと思います．

■ 2-1　無線局に必要な機材

　アマチュア無線を楽しむには無線機が必要です．また，開局するには，無線機やアンテナをそろえ，運用できる状態であることが前提です．そこで，開局に必要な機材を説明するので，自分の運用スタイルにはどんな無線機がよいかを検討してください．

■ 2-1-1　無線機のジャンルについて
　現在市販されている無線機にはいろいろなジャンルがあります．大きく五つに分けて，簡単に説明しましょう．
● ハンディ・トランシーバ
　一番手軽な携帯型の無線機です（**写真2-1**）．このタイプは業務で使用されることが多いので，見覚えがありますよね（もちろん周波数は違います）．連絡用に使われるケースが多いのですが，うまく使えば通常の交信もかなり楽しめます．

写真2-1
ハンディ・トランシーバ
ハンディ・トランシーバは最も手軽なトランシーバ．持ち運びに便利．写真はアルインコ DJ-G7．

写真2-2　モービル・トランシーバ
フロント・パネルが分離して，ダッシュボードなどに装着しやすいような工夫がある．写真はケンウッド TM-V71．

2-1　無線局に必要な機材　23

写真2-3　コンパクトHFトランシーバ
すべてのシーンで活躍できるので，最初に手に入れる無線機に最適．写真はアイコム IC-7000（左）とスタンダード FT-857（右）．

写真2-4　アウトドア向けトランシーバ
移動運用への使用をイメージした無線機．もちろん自宅で使ってもよい．写真はアイコム IC-7200とスタンダード FT-897．

● モービル・トランシーバ

　車に載せることを第一に考えられた無線機です（**写真2-2**）．操作部と本体とを切り離し，小さくなった操作部だけをダッシュボードに取り付けられるなどの工夫がなされています．モービル・トランシーバにはV/UHF帯のFMトランシーバが多いのも特徴です．

　モービル・トランシーバは車載だけでなく，家での使用ももちろん可能です．コンパクトなトランシーバなので，無線機を置くスペースが小さくて済みます．

● コンパクトHFトランシーバ

　モービル・トランシーバと変わらないサイズでHF帯を楽しめる無線機があります（**写真2-3**）．しかも，HF帯から430 MHz帯までをカバーしている上，手が届きやすい価格です．

　フロント・パネルが本体と分離するのはモービル・トランシーバと同じです．車載での使用も考慮されているので，車でもHFの運用が楽しめます．この無線機を車に積んでおけば，そのまま移動運用に出かけられます．もちろん固定局の運用も十分こなせるので，このジャンルの無線機はビギナーが最初に購入するのに最適です．

● アウトドア向けトランシーバ

　HF帯での移動運用を意識した無線機が発売されています．コンパクトな無線機，バッテリが内蔵できる無線機など，特徴はさまざまです．HF帯での移動運用を楽しみたいなら，まずはこのジャンルの無線

写真2-5　固定局用無線機
自宅で本格的にアマチュア無線を楽しむ人向けの無線機．写真はアイコム IC-756PROⅢ（上）とケンウッド TS-2000（中），スタンダード FT-2000（下）．

写真2-6　ベランダに設置したV/UHF帯用グラウンド・プレーン・アンテナ

機を検討してみてください．またこれが1台あると，自宅と移動運用の両方で無線を楽しめます（**写真2-4**）．

● 固定局用無線機

　自宅のシャック（無線室）で使用する大型の無線機です（**写真2-5**）．HF帯から50 MHz帯をカバーする無線機が多いのですが，HF帯から1200 MHz帯までカバーするものもあります．このジャンルの無線機は，一般的に固定機と呼ばれます．大型で高性能，本格派のアマチュア無線家が選ぶ無線機です．本格的にアマチュア無線を楽しむようになれば，固定機の購入を考えてみましょう．なかには100万円を超えるような無線機もあります．このような無線機は，それに見合ったアンテナや運用技術・知識を備えていないと，性能を十分に発揮できません．まさにエキスパート向けの無線機です

■ 2-1-2　アンテナについて

　アマチュア無線に使うアンテナは，用途や設置場所によってさまざまです．ここでは設置場所に視点を置いて説明します．

● ベランダ，バルコニー

　ベランダやバルコニーは広さが限られているので，コンパクトなアンテナを選ぶ必要があります．V/UHF帯ならグラウンド・プレーン・アンテナ，HF帯なら小型のダイポール・アンテナなどでしょう（**写真2-6**）．

写真2-7　ルーフ・タワーに設置した本格的なアンテナ

写真2-8　タワーがあれば大型アンテナも設置できる

● ルーフ・タワー

　屋根の上にアンテナを上げられるのなら，選べるアンテナは大きく増えます．八木アンテナやV型ダイポールなど，ほとんどの種類のアンテナを設置できます(**写真2-7**)．

● タワー

　アマチュア無線家の憧れであるタワー(鉄塔)なら，大型の八木アンテナまで設置できます(**写真2-8**)．1本のタワーに八木アンテナを数基設置している局もあります．このようなタワーはその外観から「クリスマス・ツリー」と呼ばれています．

● 車載アンテナ

　自動車に設置するアンテナはモービル・ホイップと呼ばれています(**写真2-9**)．V/UHF帯のモービルホイップでは長さが1 m以内のものが多く，HF帯用であっても1.5 mから2 mくらいのものがほとんどです．

● ハンディ機用ホイップ

　ハンディ機にはホイップ・アンテナが付属していますが，それよりも高性能なアンテナや携帯性を重視した短いアンテナが市販されています(**写真2-10**)．純正のホイップ・アンテナに満足できなくなったときは，これらのアンテナに取り替えることを検討してください．各社からいろいろと個性的なアンテナが発売されています．

● アンテナを設置するために

　アンテナをどのように設置する場合でも，アンテナを固定するためのベースが必要です．これは設置する場所によってさまざまなので，周りの先輩ハムやハムショップの人に相談してください．

■ 2-1-3　そのほかに必要なもの

● 安定化電源

　アマチュア無線局を作るためには，このほかにも必要なものがあります．無線機には家庭用のAC 100 Vで動作するものもありますが，DC13.8 V(DC12 V)で動作するものが一般的です．このため，AC 100 VからDC13.8 Vに変換する電源という装置が必要になります．安定化電源が市販されているのでこれを用意しましょう(**写真2-11**)．

写真2-9　自動車への装着が目的のモービル・ホイップ・アンテナ

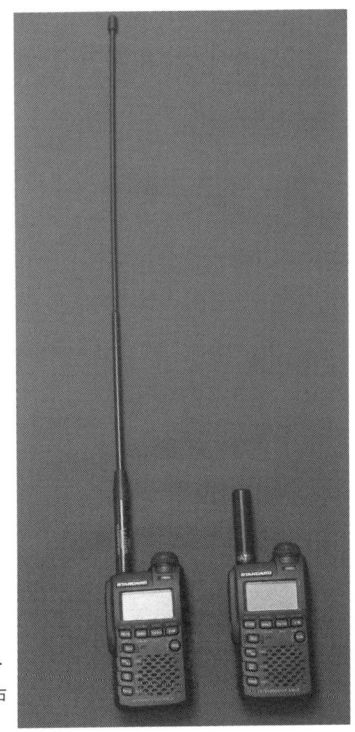

写真2-10
各種のハンディ・トランシーバ用アンテナ
左は性能を重視した全長40 cmのアンテナ．右は携帯性を重視した全長4.5 cmのアンテナ．

　電源にはさまざまな容量のものがありますが，将来を見越して大き目の容量のものを買っておきましょう．30 Aくらいの安定化電源を用意しておけば，ほとんどの無線機を動作させられます．

● 同軸ケーブル

　無線機とアンテナをつなぐための同軸ケーブルも必要です．HF帯から50 MHz帯までなら5D-2 Vという同軸ケーブルを選んでおけば間違いありません（**写真2-12**）．コネクタ付きの同軸ケーブルを購入すると手間が掛かりません．

● さまざまな小物

　そのほかにも，業務日誌（ログブック）や時計，工具などが必要です．いきなりすべてを準備しなくてもよいので，必要なものから少しずつそろえていきましょう．

　開局に必要なものがそろったら，開局申請書を作ります．

写真2-11　無線機に電源を供給するための安定化電源

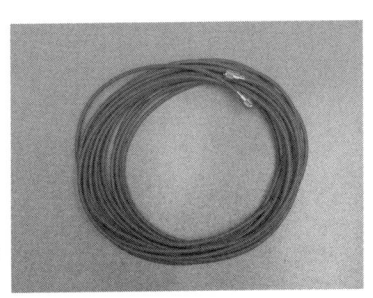

写真2-12
無線機とアンテナをつなぐ同軸ケーブル

2-1　無線局に必要な機材

2-2　アマチュア局の開局申請

　アマチュア無線局は，操作できる無線従事者の資格に基づいて開局できます．アマチュアの資格には，第1級アマチュア無線技士，第2級アマチュア無線技士，第3級アマチュア無線技士，第4級アマチュア無線技士の四つがあります．アマチュア無線局は，運用する人に与えられる従事者免許と無線機などの設備に与えられる無線局の免許の二つがそろって，初めて電波を出せます．ここからは，無線局の免許の申請方法・開局申請書の書き方を簡単に説明しましょう．

　現在はインターネットを使った電子申請(総務省 電波利用 電子申請届出システム Lite)も可能です．しかしここでは従来の申請用紙を使用した方法を解説します．

　例として，第4級アマチュア無線技士と3級アマチュア無線技士の場合における，HF帯からUHF帯まで電波が出る無線機での申請とします．

2-2-1　申請前の準備

　まず，資格に合った無線機を購入します．無線機を持っていないと開局申請を出すことができないので，最低でも1台は購入します．購入する無線機は先ほどの説明を参考にして選んでください．筆者のお勧めは，1台でHF帯からUHF帯まで電波が出る無線機です．

　次に開局申請書を入手します．今までは，ハムショップや書店から購入する方法が一般的でした．しかし最近では，インターネットからダウンロードする方法があります．筆者のお勧めは，インターネットからのダウンロードです．手っ取り早い上，無料です．

　申請書は，総務省の「電波利用ホームページ」からダウンロードできるので，こちらをご覧ください(**写真2-13**，http://www.tele.soumu.go.jp/)．申請書は，このページの右側にある「申請書などダウン

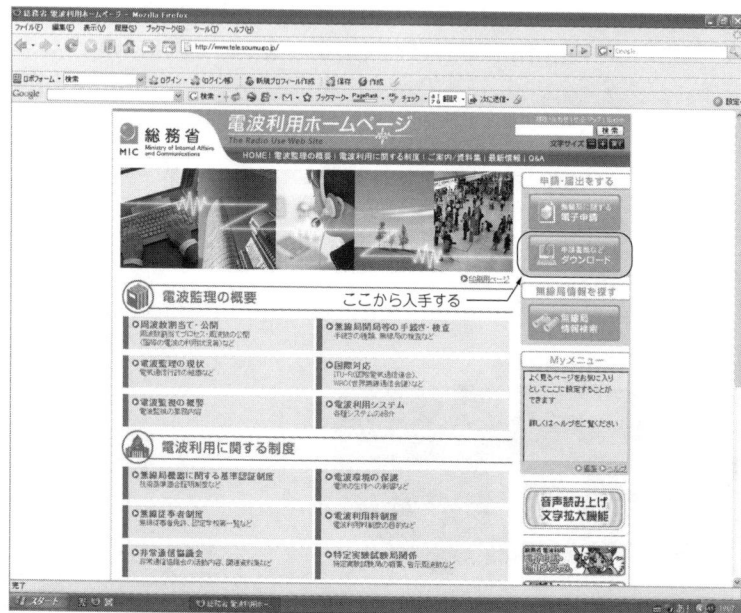

写真2-13
総務省 電波利用ホームページ
囲みをクリックした後，さらに「2.無線局免許手続の様式(申請書，無線局事項書及び工事設計書)」をクリックする．

28　第2章　アマチュア無線局を開局しよう

ロード」の中にあります．この中の「1.無線局免許手続様式」を開いてください．ここから2種類の用紙をダウンロードします．

　まず無線局申請書です．「1.無線局免許申請書及び再免許申請書」の「区分 1」に「パーソナル無線及びアマチュア局用の免許申請書」があります．無線局免許申請書はワード・ファイルもしくは一太郎ファイルのどちらかを選べます(**写真2-14**)．

　次に無線局事項書及び工事設計書をダウンロードします．「2.無線局事項書及び工事設計書」の「区分

写真2-14
無線局申請書のダウンロード
ワード・ファイルか一太郎ファイルを選んでダウンロードする．

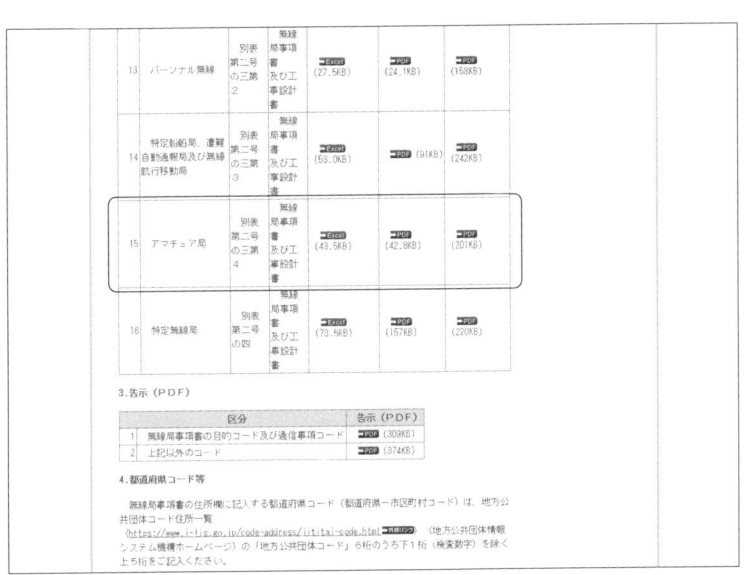

写真2-15
無線局事項書及び工事設計書のダウンロード
エクセル・ファイルかPDFを選んでダウンロードする．

2-2　アマチュア局の開局申請　29

15アマチュア局」に「無線局事項書及び工事設計書」があります．こちらはエクセル・ファイルとPDF，そして書き方を説明したPDFがあります．必要なものをダウンロードしましょう（**写真2-15**）．

インターネットの環境がない人は，従来通りに申請書を購入してください．市販されている申請書には，詳しい書き方や申請用封筒，無線局免許の送付用封筒も入っているので便利です．コンピュータの操作に自信がない人も市販の申請書を購入してください．書き方はダウンロードの申請書も市販の申請書も同じです．

■ 2-2-2　無線局免許申請書の書き方

前に説明したように，開局申請書には2種類の書類があります．一つは「無線局免許申請書」もう一つは「無線局事項書及び工事設計書」です．書き方の例はこの章の終わりに掲載しています．

● 無線局免許申請書の書き方

それでは，まず「無線局免許申請書」を書きましょう．書き方は簡単です．**図2-1**のように必要な部分に書き込みます．ワードができる方は，そのままタイプ打ちしていただいて結構です．押印を忘れないように注意してください．ただし氏名欄が直筆の場合，押印は不要です．収入印紙は，指定の額を貼ってください．出力が50Wまでのアマチュア局を開設するなら4,300円，50Wを超えるアマチュア局なら8,100円です．

● 無線局事項書及び工事設計書の書き方

次に，「無線局事項書及び工事設計書」です．エクセルの操作に自信がある方は，そのままシートに入力してOKです．そうでない方は，プリントアウトしてボールペンで記入してください．

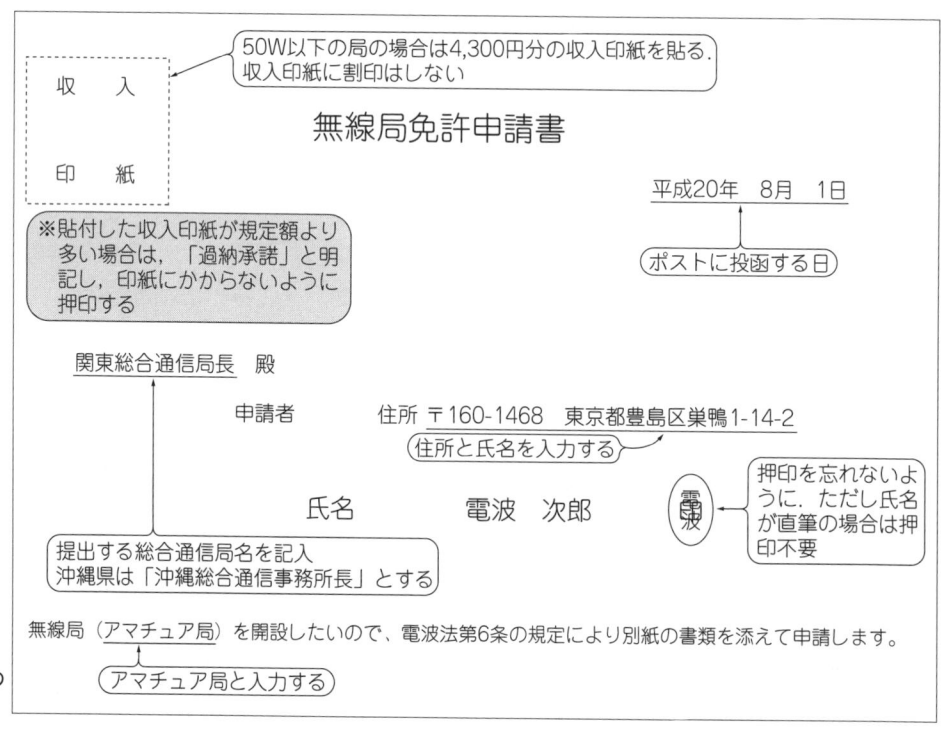

図2-1
無線局免許申請書の書き方

無線局事項書及び工事設計書

					※ 整理番号	記入不要
1 申請（届出）の区分	☐開設 ☐変更 ☐再免許	2 免許の番号	A第 **記入不要** 号	3 呼出符号	記入不要	4 欠格事由 ☐有 ☐無

5 申請（届出）者名等	氏名又は名称	社団（クラブ）／個人の別	社団（クラブ）局名				6 工事落成の予定期日	記入不要
			フリガナ				※ 免許の年月日	記入不要
		☐社団（クラブ）	**記入不要**				※ 免許の有効期間	記入不要
			個人又は代表者名				7 希望する免許の有効期間	記入不要
		☐個人	姓 フリガナ デンパ		名 フリガナ ジロウ			
			電波		**次郎**			
	住所	フリガナ	トウキョウトトシマクスガモ 1-14-2				8 無線従事者免許証の番号	EAFN ××××××
		都道府県ー市区町村コード	**東京都豊島区巣鴨 1-14-2**		外国人の場合のみ記入		9 無線局の目的	アマチュア業務用
		記入不要 [ ]						
		郵便番号 170-8461	電話番号 03-5395-2149	国籍			10 通信事項	アマチュア業務に関する事項
11 無線設備の設置場所又は常置場所		フリガナ					12 移動範囲	☐移動する（陸上、海上及び上空） ☐移動しない
		都道府県ー市区町村コード [ ]						

13 電波の型式並びに希望する周波数及び空中線電力	希望する周波数帯	電波の型式	空中線電力	希望する周波数帯	電波の型式	空中線電力
	☐1.9M	☐A1A ☐3MA ☐4MA	W	☐1200M	☐3SA ☐4SA ☐3SF ☐4SF	W
	☑3.5M	☐3HA ☑4HA	10 W	☐2400M	☐3SA ☐4SA ☐3SF ☐4SF	W
	☑3.8M	☐3HD ☑4HD	10 W	☐5600M	☐3SA ☐4SA ☐3SF ☐4SF	W
	☑7M	☐3HA ☑4HA	10 W	☐10.1G	☐3SA ☐4SA ☐3SF ☐4SF	W
	☐10M	☐2HC	W	☐10.4G	☐3SA ☐4SA ☐3SF ☐4SF	W
	☐14M	☐2HA	W	☐24G		W
	☐18M	☐3HA	W	☐47G		W
	☑21M	☐3HA ☑4HA	10 W	☐75G		W
	☑24M	☐3HA ☑4HA	10 W	☐77G		W
	☑28M	☐3VA ☑4VA ☐3VF ☐4VF	10 W	☐135G		W
	☑50M		20 W	☐		W
	☑144M	☐3VA ☑4VA ☐3VF ☐4VF	20 W			W
	☑430M	☐3VA ☑4VA ☐3VF ☐4VF	20 W	☐4630kHz	A1A	W
14 変更する欄の番号	☐3	☐5	☐8	☐11	☐12	☐13 ☐16

15 備考	**記入不要**

				※ 整理番号	記入不要

16 工事設計書	装置の区別	変更の種別	技術基準適合証明番号	発射可能な電波の型式及び周波数の範囲	変調方式	終段管 名称個数	電圧	定格出力（W）
	第 1 送信機	☐取替 ☐増設 ☐撤去 ☐変更	00KN0000	記入不要			V	
	第 送信機	☐取替 ☐増設 ☐撤去 ☐変更					V	
	第 送信機	☐取替 ☐増設 ☐撤去 ☐変更					V	
	第 送信機	☐取替 ☐増設 ☐撤去 ☐変更					V	
	第 送信機	☐取替 ☐増設 ☐撤去 ☐変更					V	
	第 送信機	☐取替 ☐増設 ☐撤去 ☐変更					V	
	第 送信機	☐取替 ☐増設 ☐撤去 ☐変更					V	
	第 送信機	☐取替 ☐増設 ☐撤去 ☐変更					V	
	第 送信機	☐取替 ☐増設 ☐撤去 ☐変更					V	
	送信空中線の型式	**移動する局は記入不要**		周波数測定装置の有無	☐有（誤差 0.025％以内） ☑無			
	添付図面	☐送信機系統図		その他の工事設計	☑法第3章に規定する条件に合致する。			

（チェックしない）
（チェック入れる）
24MHz 帯以下の周波数で空中線電力が10Wを超える局の場合は有にチェックする
（チェックしない）

図2-2 無線局事項書及び工事設計書の書き方
4アマの人が1台でHF帯～430 MHz帯の電波が出せるオールモード・トランシーバ（HF帯10 W/50～430 MHz帯20 W出力）を使用して申請するときの例．

2-2 アマチュア局の開局申請

ここでは，1台でHF帯から430 MHz帯までの電波が出せるオールモード・トランシーバの場合の記入方法を解説します．図2-2に書き方の例を示すので，以下の説明を一緒に読みながら書き込んでください．
　無線局事項書及び工事設計書には，1から順番に番号が振っています．番号順に書き進めましょう．

1 申請(届出)の区分　　「開設」にチェック
2 免許の番号　　　　　記入しない
3 呼び出し符号　　　　記入しない
4 欠格事由　　　　　　「無」にチェック(以前電波法で処罰された人は，有にチェック．ただしこの場合免許がもらえないことがある)
5 申請(届出)者名等　　「個人」にチェック．「個人または代表者名」に名前を記入．住所欄に現住所を記入．都道府県—市町村コードは記入しなくても構わない．郵便番号と電話番号も忘れずに．国籍は記入しない(外国人の場合は記入する)
6 工事落成の予定日・免許の年月日・免許の有効期間　記入しない
7 希望する免許の有効期間　記入しない
8 無線従事者免許証の番号　自分の無線従事者免許証の番号を記入
9 無線局の目的　　　　記入済み
10 通信事項　　　　　 記入済み
11 無線設備の設置場所又は常置場所　現住所に無線局がある場合は，同上と記入．現住所以外の場所に無線局がある場合(別荘など)は，その場所の住所を記入．
12 移動範囲　「移動する」にチェック．また2アマ以上で50 Wを超える無線機を使って開局申請をする場合は，「移動しない」にチェック．
13 電波の型式並びに希望する周波数及び空中線電力　ここは4アマと3アマ，使用する無線機によって異なります．わかりやすく説明しましょう．
　4アマの人がHF帯～430 MHz帯の電波が出る無線機(HF帯10 W/50～430 MHz帯20 W出力)を使用して申請する場合の記入の仕方は次の通りです．
「希望する周波数帯」…3.5 M/3.8 M/7 M/21 M/24 M/28 M/50 M/144 M/430 Mにチェック．
「電波型式」　　　…3.5 Mは4 HAに，3.8 Mは4 HDに，7 M/21 M/24 Mは4 HAに，28 M/50 M/144 M/430 Mは4 VAにそれぞれチェック．
「空中線電力」…3.5 M/3.8 M/7 M/21 M/24 M/28 Mは10 Wと記入．50 M/144 M/430 Mは20 Wと記入．
　3アマの人がHF帯～430 MHz帯の電波が出る50 W出力の無線機で申請する場合の記入の仕方は次の通りです．
「希望する周波数」…1.9 M/3.5 M/3.8 M/7 M/18 M/21 M/24 M/28 M/50 M/144 M/430 Mにチェック．
「電波型式」　　　…1.9 MはA1A．3.5 Mは3 HAに，3.8 Mは3 HDに，7 M/18 M/21 M/24 Mは3 HAに，28 M/50 M/144 M/430 Mは3 VAにそれぞれチェック．
「空中線電力」　…1.9 M/3.5 M/3.8 M/7 M/18 M/21 M/24 M/28 M/50 M/144 M/430 M，すべてに50 Wと記入．
　この項目の書き方は購入した無線機によって異なります．取扱説明書に記載されている内容を参照しながら記入しましょう．
14 変更する欄の番号　記入しない
15 備考欄　　　　　　記入しない

写真2-16　無線機本体に表示された技術基準適合証明番号
無線機の後ろ側に表示されていることが多い．

写真2-17
アマチュア局 個人・社団用開局用紙
技適機種以外の無線機で申請するときは申請書を購入したほうが便利．

16 工事設計書　　工事設計書については，記入の必要があるところだけを説明します．それ以外のところは記入不要です．また今回は，技術基準適合証明を受けた無線機（技適機種）だけで申請する方法を説明します．

「**技術基準適合証明番号**」…無線機本体や無線機の取扱説明書に書かれている技術基準適合証明番号を記入します．例えば，「002KN492」という番号です（**写真2-16**）．この番号を記入することによって，工事設計書に記入する項目がかなり少なくなります．技術基準適合証明については，章末のコラムで説明しているのでご覧ください．

申請する無線機が何台もある場合，第1送信機，第2送信機…，と順番に技適番号を記入しましょう．3台あれば第3送信機まで，4台あれば第4送信機まで．記入する順番に決まりはありません．

「**送信空中線の型式**」　　…移動する局の場合は記入しない．

「**周波数測定装置の有無**」…24 MHz帯以下の出力が10 W以下の局は無にチェック，24 MHz帯以下の出力が10 Wを超える局は，有にチェック．HF帯を申請しないときは出力に限らず無にチェック．

「**その他の工事設計**」　　…法第3章に規定する条件に合致するにチェック．

以上で，無線局事項書及び工事設計書の記入は終わりです．

■ 2-2-3　技適機種以外の無線機を使って申請する場合

アマチュア無線では，技適機種以外の無線機を使って無線局の免許を申請することもできます．これは自作した無線機や改造した無線機，技術基準適合証明という制度ができる以前の古い無線機などのことです．

ただし，これらの無線機を使って開局する場合は，書類の書き方や必要な書類，申請に必要な手数料が異なります．書類は市販されている「アマチュア局 個人・社団用開局用紙」（**写真2-17**）を使用してください．その中に詳しい書き方の説明書が同封されています．

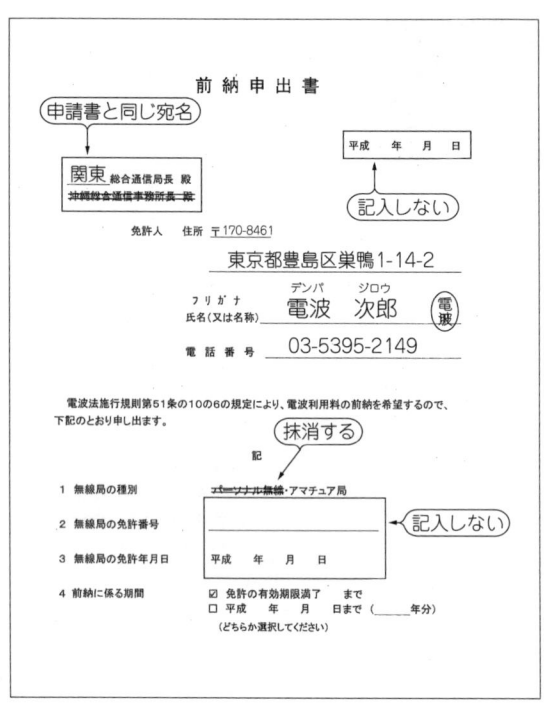

図2-3
電波利用料前納申出書の書き方

■ 2-2-4　電波利用料前納申出書

　電波利用料制度とは電波の適正な利用の確保を目的として，電波を利用する個人や団体が一定額を負担する制度です．アマチュア局は年間300円を負担することになっており，免許有効期間の5年間で1,500円を負担します．

　アマチュア局では，5年間分の電波利用料をまとめて納められます．そのための書類が「電波利用料前納申出書」です．開局申請時に必ず提出しなければならないものではありませんが，電波利用料の支払いの手間が1回で済むので，この書類も一緒に提出しておきましょう．

　この書類も電波利用ホームページからダウンロードできます．「申請書などダウンロード」内の「6.電波利用料関係　電波利用料前納申出書の様式」です．

　一度プリントアウトして，ボールペンで書き込みましょう．書き方を図2-3に示します．

■ 2-2-5　書類の提出

　書類の記入が終わったら，総合通信局へ提出します．でもその前にもう一度必要な書類をチェックしておきましょう．

無線局免許申請書　　　　…押印，印紙を忘れずに．
無線局事項書及び工事設計書…両方とも書き込んであることを確認する．
電波利用料前納申出書　　…押印を忘れずに．
返信用の封筒　　　　　　…自分の住所，名前を書いて84円切手を貼る．

表2-1 各総合通信局の管轄地域と住所

北海道総合通信局 管轄区域：北海道 〒060-8795　札幌市北区北8条西2-1-1　札幌第一合同庁舎 http://www.soumu.go.jp/soutsu/hokkaido/	近畿総合通信局 管轄区域：滋賀，京都，大阪，兵庫，奈良，和歌山 〒540-8795　大阪市中央区大手前1-5-44　大阪合同庁舎第一号館 http://www.soumu.go.jp/soutsu/kinki/
東北総合通信 管轄区域：青森，岩手，宮城，秋田，山形，福島 〒980-8795　仙台市青葉区本町3-2-23　仙台第二合同庁舎 http://www.soumu.go.jp/soutsu/tohoku/	中国総合通信局 管轄区域：鳥取，島根，岡山，広島，山口 〒730-8795　広島市中区東白島町19-36 http://www.soumu.go.jp/soutsu/chugoku/
関東総合通信局 管轄区域：茨城，栃木，群馬，埼玉，千葉，東京，神奈川，山梨 〒102-8795　千代田区九段南1-2-1　九段第三合同庁舎 http://www.soumu.go.jp/soutsu/kanto/	四国総合通信局 管轄区域：徳島，香川，愛媛，高知 〒790-8795　松山市宮田町8-5 http://www.soumu.go.jp/soutsu/shikoku/
信越総合通信局 管轄区域：新潟，長野 〒380-8795　長野市旭町1108 http://www.soumu.go.jp/soutsu/shinetsu/	九州総合通信局 管轄区域：福岡，佐賀，長崎，熊本，大分，宮崎，鹿児島 〒860-8795　熊本市春日2-10-1　熊本地方合同庁舎（A棟） http://www.soumu.go.jp/soutsu/kyushu/
北陸総合通信局 管轄区域：富山，石川，福井 〒920-8795　金沢市広坂2-2-60　金沢広坂合同庁舎 http://www.soumu.go.jp/soutsu/hokuriku/	沖縄総合通信事務所 管轄区域：沖縄 〒900-8795　那覇市東町26-2 http://www.soumu.go.jp/soutsu/okinawa
東海総合通信局 管轄区域：岐阜，静岡，愛知，三重 〒461-8795　名古屋市東区白壁1-15-1　名古屋合同庁舎第3号館 http://www.soumu.go.jp/soutsu/tokai/	

　すべての書類を確認後，まとめて一つの封筒に入れ，管轄する各総合通信局へ郵送します．管轄区域と総合通信局の住所を**表2-1**に示します．

2-3　アマチュア無線を楽しみましょう

　書類を提出してしばらくすると，コールサインが書かれた無線局の免許状が送られてきます．それまではどんなコールサインが届くのか，期待で胸いっぱいだと思います．
　免許状が届くまでは，手元にある無線機で受信練習を重ねておきましょう．また，クラブに入っているのであれば，そこで，交信の練習をするのもよいでしょう．
　待望の免許状が届いたら，コールサインを確認します．免許状の右上「識別信号」の欄に書かれています．これで，晴れて電波を出せます．思う存分アマチュア無線を楽しんでください．

COLUMN　技術基準適合証明

　技術基準適合証明制度とは，小規模な無線局（特定無線設備）に使用する無線設備について，電波法で定められている技術基準を満たしている場合，その無線機の機種ごとに認証する制度です．この証明を受けた無線機を使用して免許申請を行う場合，技術基準適合証明番号を工事設計書に記載すると，記載事項を大幅に簡略化できます．また，使用する無線機が技術基準適合証明機種のみである場合は，総合通信局へ直接申請を行えます．

　ただし，免許申請に使用する無線機のうち，1台でも技術基準適合証明機種でないものや，技術基準適合証明機種に改造を施したものが含まれている場合，また付加装置を合わせて申請する場合は，株式会社 TSSで保証認定を受けるか，総合通信局の検査を受ける必要があります．

　技術基準適合証明番号（技適番号）は無線機1台ごとに表示されています．写真のように，表示位置はバッテリ・パックを外した筐体の背面，筐体の後部，筐体の底面などです．このあたりを確認してみましょう．

写真2-A
バッテリ・パックを外すと確認できる．

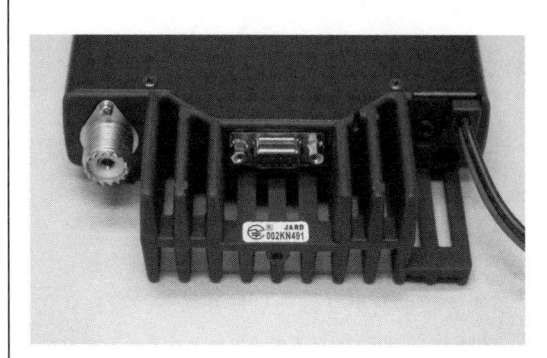

写真2-B
筐体後部に表示．

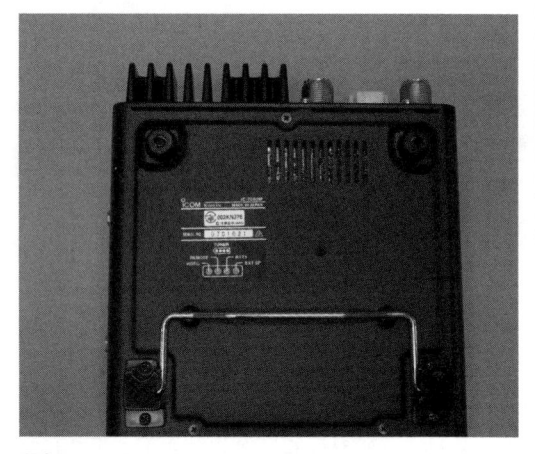

写真2-C
この無線機では筐体の底面に表示されている．

第03章
アマチュア無線を楽しむ上で大きな力になってくれる
JARL(一般社団法人 日本アマチュア無線連盟 The Japan Amateur Radio League, Inc)について

JR3QHQ　田中 透 *Toru Tanaka*

　日本のアマチュア無線を代表する団体である社団法人 日本アマチュア無線連盟(The Japan Amateur Radio League, Inc.，以下JARLと略す)の役割と仕事について簡単に説明します．

3-1　JARLの始まり

　日本におけるアマチュア無線の活動は大正時代に始まりました．そして大正15年，無線の好きな人たちが集まって「日本アマチュア無線連盟 JARL」という団体が設立されました．これが今日のJARLの始まりです．アマチュア無線は遠方の方との交信ができます．交信では情報の交換も可能です．このほかにもさまざまな理由が重なり，第2次世界大戦中，アマチュア無線は禁止されました．戦後，JARLは再結成されました．そして，禁止されていたアマチュア無線の再開の陳情を政府などに働きかけた結果，日本が主権を回復した昭和27年に戦後初めてのアマチュア局が許可されたのです．昭和34年に社団法人となり，その後平成23年には一般社団法人に移行し，現在に至っています(**表3-1**)．
　JARLは東京都豊島区巣鴨に連盟事務局を設置し，ここで会員のためのさまざまなサービスや組織の運営を行っています(**写真3-1**)．

3-2　JARLの組織

　社団法人としてのJARLがどのような組織になっているか，簡単に説明しましょう．まず，一番上に総会があります．これは毎年5月に開催され，新年度のJARLの事業計画や予算などが決められます．次に理事会があります．ここは，総会の決定に基づき事業や予算を執行する機関です．ここまでは，会議や審議など行う機関で，その次が実際に活動を行う地方本部や支部になります．
　地方本部(コール・エリアごとに10の地方本部がある)は，区域内の支部相互間の連絡調整などを行いながら活動を行っています．

表3-1　初期のJARLのあゆみ

1926年(大正15年)	日本アマチュア無線連盟(JARL)設立
1941年(昭和16年)	太平洋戦争によりアマチュア無線が禁止される
1945年(昭和20年)	太平洋戦争終結
1946年(昭和21年)	JARL再結成
1952年(昭和27年)	戦後はじめてアマチュア無線が許可される
1959年(昭和34年)	JARLが社団法人となる
2011年(平成23年)	一般社団法人に移行

参考文献：
『アマチュア無線のあゆみ』 CQ出版社

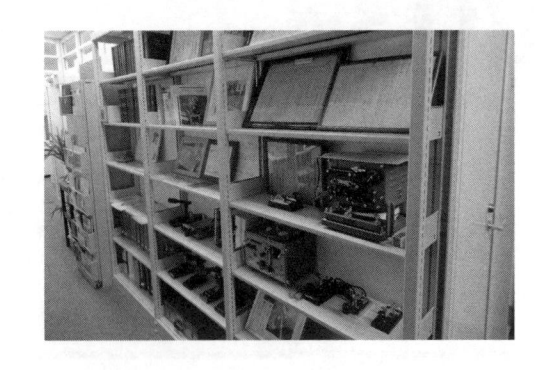

写真3-1　東京都豊島区南大塚にあるJARL事務局
1階には展示室とJARL中央局（JA1RL）が設置されている．屋上には各バンドのアンテナも設置されている．

　支部は都府県ごと（北海道は8支部）に置かれ，支部会員のための支部大会をはじめとした各種の講習会や催しを行います．また，JARL事務局は，入会受付や継続会費の受付，アワードの申請受付など，会員のための事務的な業務を行っています．

3-3　JARLの活動

　さて，このJARLはどのような活動を行っているのでしょうか．わかりやすく説明します．

3-3-1　QSLカードの転送業務

　皆さんがJARLに入会した場合，一番恩恵を受けるのがQSLカードの転送でしょう．私たちアマチュア無線家は交信をすると，その証明としてお互いにQSLカードを交換しますね．通常ならQSLカードの交換を，郵便で行うことでしょう．そうすると，交信を1回するたびにQSLカードの交換費用として切手代が63円，封書なら84円が必要になります．たとえば，1日に50局交信したとすると，QSLカードの交換費用として2,500円（または4,000円）も必要になるわけです．これではいくらお金があっても大変です．そこでこの負担を減らすサービスとして，QSLカードの転送業務があります．

　JARLの会員は，交信相手に送る自分のQSLカードがある程度溜まったら，それをまとめて「JARL QSLビューロー」という場所に郵送します．JARL QSLビューローは，全国のJARL会員と海外から届いたQSLカードを仕分けし，隔月でJARL会員に送るという作業をしています．つまり，JARL会員は自分

写真3-2
JARLから送られてきたQSLカード
2か月に一度，JARLからQSLカードが送られてくる（会員のみ）．

が交信した相手のQSLカードを2か月に1回受け取ることができるのです（**写真3-2**）．逆に，自分が送ったQSLカードも相手に届きます．もちろん，海外の局にもQSLカードを送ってもらえるのです．

このサービスを利用するとQSLカードの郵送代が安くなりますね．

■ 3-3-2 アマチュアバンド（周波数）の確保や制度の改善

皆さんが何気なく使っているアマチュア無線の周波数ですが，実は多くのユーザー（企業）が欲しがっているものなのです．特にマイクロ波などの高い周波数はのどから手が出るほど欲しがっています．電波を使用するユーザがどれだけあるかを考えていただければ納得するでしょう．JARLは，それらの周波数をほかの業務に割り当てられないように，政府と交渉しながら守っているのです．

また，アマチュア無線の制度もその時代に合ったものへと変化しています．たとえば昔は，1級と2級のアマチュア無線の資格しかありませんでしたが，活性化のため，電信級（現在の3級）や電話級（現在の4級）の資格の新設を要望し，受け入れられたという実績があります．

さらに，3級アマチュア無線技士の国家試験における電信の実技試験がなくなったり，無線局の開設の手続きが簡単になったりしているのも，JARLの地道な活動が実を結んだ事例の一つといってよいでしょう．

■ 3-3-3 国際アマチュア無線連合（IARU）の日本の代表機関

電波は世界中に飛んでいきます．そのため，世界各国が集まり周波数についての取り決めを行わないと混乱がおきます．

その中でもアマチュアバンドにおける取り決めを行う機関が，国際アマチュア無線連合（IARU，The International Amateur Radio Union）です．また，ここに国の代表として加盟していないと，海外とのQSLカードの転送業務すらできなくなります．日本ではJARLがその一端を担っています．

この国際アマチュア無線連合は，世界各国を相手に，アマチュア無線の周波数の確保や拡張の業務を行っているのです．

■ 3-3-4　機関誌（JARL NEWS）の発行

　さまざまな情報を会員に知らせるため，JARLは，JARL NEWSという機関誌を発行（年4回）しています（**写真3-3**）．JARL NEWSには会員向けの各種の報告やイベント情報，コンテスト規約・結果，そしてハムライフに役立つ記事などが掲載されています．

　JARLはWebページ「JARL Web」（**http://www.jarl.org**）でも多くの情報を発信しています．アマチュア無線を楽しむ上で必要な多くの情報が掲載されているので，Webブラウザーの「お気に入り」に登録しておきましょう．

　そのほか，E-Mail転送サービス（希望会員のみ）や，「JARLメール・マガジン」の配信があります．E-Mail転送サービスでは，"自分のコールサイン@jarl.com"というE-Mailアドレスを使うことができます．

　このE-Mail転送サービスはとても便利なものです．まず，メール・アドレスが短い上に，自分のコールサインが頭に付きます．また普通ならインターネット・サービス・プロバイダーを変えるとメール・アドレスも変わるのですが，JARLが新しいメール・アドレスに転送してくれるので"自分のコールサイン@jarl.com"のメール・アドレスは変える必要がありません．ということは，いちいちメール・アドレスが変わりましたと案内を出す必要がなくなるわけです．どうですか？結構便利でしょう．

■ 3-3-5　アワードの発行やコンテストの実施

　ただ，単にアマチュア無線でいろいろな人と交信するだけでは，いずれマンネリ化してくることもあるでしょう．JARLはアマチュア無線をもっと楽しくするため，そしてアマチュア無線を活性化させるために，アワードの発行や無線で交信局数や地域を競い合うコンテストなどを実施しています．

　アワードとは，ある一定の条件を満たすように交信したり，QSLカードを取得すると完成する，いわばアマチュア無線の賞状です．

　JARLが発行しているアワードには，簡単に完成するものからベテランでも完成には苦労するものまで，多くの種類が用意されています．

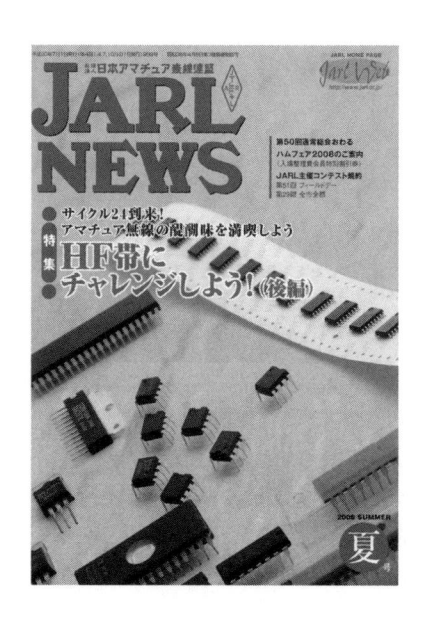

写真3-3
JARLの機関誌「JARL NEWS」
各種の報告やイベント情報，コンテスト情報などの有用な情報が掲載されている．

JARLが主催するコンテストは「JARL四大コンテスト」と呼ばれ，多くの無線家が参加しています．この四大コンテストは"ALL JAコンテスト"，"6m＆DOWNコンテスト"，"フィールドデー・コンテスト"，"全市全郡コンテスト"です．このほかに，各地方本部や支部が主催するコンテストが数多くあります．

　このように，アマチュア無線の楽しみを長続きできるように，お手伝いをする活動もJARLは行っています．

■ 3-3-6　アマチュア無線フェスティバルや各種の講習会の開催

　アマチュア無線の活性化のために，JARLはいろいろな催し物を行っています．

　その代表が「ハムフェア」です(**写真3-4**)．このハムフェアは，毎年8月下旬ごろ東京で行われます．全国各地から大勢のアマチュア無線家が訪れる，日本で最大のアマチュア無線のお祭りです．

写真3-4　ハムフェアのようす
毎年8月下旬ごろに開催されるハムフェアの会場には日本全国から多くのアマチュア無線家が来場する．

また，地方本部が主催するアマチュア無線フェスティバルもあります．代表的なものとして，関西で毎年初夏に行われる「関西アマチュア無線フェスティバル」や九州で行われる「西日本ハムフェア」などがあります．時間があったら，一度足を運んでみてください，きっと大きな発見があるはずです．
　また，このようなイベントは，無線で声しか聞いたことのない人と対面できる場ということで，参加にもはずみがつくようです．
　このほかにも，各支部が主催する各種講習会や支部大会などが各地で行われています．

3-4　身近に感じる支部の活動と登録クラブそして会員

　JARLの会員になると，皆さんが一番身近に感じられるのは所属する支部でしょう．会員は，自動的にその地域の支部に属します．例えば，大阪府に住んでいれば大阪府支部に所属します．
　前述のように，支部ではその地域のJARL会員のために，いろいろな講習会や支部大会などを行って活性化に努めています．また，それらを企画，実行する役員がいますが，その役員はJARLに登録されてい

COLUMN　レピータ局の使い方

　430 MHz以上の周波数に，レピータ局というものがあります．これはいったい何なのでしょうか．
　簡単に言うと，レピータ局とはビルの上や山の上などの見晴らしの良い場所に設置された中継局のことです．中継局を使えば，直接の交信ができない場所とも交信できるようになるという，とてもありがたい存在です．しかも誰もが自由に利用できるので，多くのアマチュア無線家がこのレピータ局を使用しています．
　JARLをはじめとするいろいろな団体が，レピータ局を日本中に開設していますが，免許人はすべてJARLです．このため自由にレピータ局を設置することはできません．

● レピータ局のしくみ
　レピータ局の動作を，茨城県の筑波山に設置されているJR1WA（430 MHz帯）を例に挙げて，簡単に説明します（図3-A）．この局の場合，レピータ局へ向けて434.02 MHzで送信する（アップリンク）と，レピータ局は受信した信号を

439.02 MHzに変換して送信します（ダウンリンク）．つまり送信する側は434.02 MHzで送信し，受信する側は439.02 MHzを受信すればよいのです．ただしレピータ局に向けて送信する電波に，88.5 Hzのトーン信号が含まれていなければ，レピータ局は動作しません．

● レピータ局の使い方
　レピータ局のしくみは，ちょっとややこしいかもしれませんね．しかし使い方は，実はとても簡単なのです．ほとんどのビギナーは技適機種のトランシーバを使っているのではないでしょうか．これらの機種では，最初からトランシーバがレピータの運用に対応しているので，受信周波数を合わせるだけでOKです．送信の場合，トランシーバが自動的に周波数を変え，トーン信号が含まれた電波を送信してくれるのです．

● レピータ局を使うときの注意点
　とても便利なレピータ局ですが，使う上でのルールがあります．レピータ局は多くのアマチ

る登録クラブから人材を派遣して成り立っています．役員の皆さんはすべてボランティアで支部の活動を行っています．支部主催の講習会や支部大会に，一度参加してみてはいかがでしょう．きっと面白いと思いますよ．

　JARL会員はサービスを受けるだけではありません．アマチュア無線を楽しみながら，アマチュア無線の活性化をJARLとともに目指していくことが求められます．支部の活動を通し，いろいろなことに積極的に参加しましょう．

3-5　そのほかの活動

　JARLは，そのほかにも多くの委員会を設け，さまざまな問題に取り組んでいます．たとえば，TVIやBCIなどの電波障害に関しての調査や会員に対するアドバイスを行う委員会などです．また，災害時の非常通信活動なども各支部が各都道府県と協力して行っています．TVでのニュースや新聞記事でそれを目にしたこともあるでしょう．さらにアマチュア無線の活性化を促すために記念局の開設・運用もJARL

ュア無線家が使用するので，長時間の交信はできません．また，CQを出すこともできません．連絡用の短い交信を心掛け，多くの人が使用できるように配慮することが必要です．

　さらに，交信しない場合はレピータ局にアクセスしないようにしましょう．レピータ局に向かって短時間送信し，レピータ局にアクセスできるか否かを確認すること（カーチャンクと呼ばれている）があります．けれども，この行為はできるだけ控えましょう．

● **レピータを楽しんでください**

　レピータ局は日本中にたくさんあります．しかも430 MHz帯だけでなく，1200 MHzから10GHz帯までのいろいろな周波数で運用されています．さらに29 MHz帯のレピータ局が兵庫県神戸市・六甲山に設置されています．電離層反射も合わせた，ダイナミックなレピータ運用が楽しめるでしょう．

　設置場所と周波数はJARLのWebページやハム手帳で確認できるので，住んでいる地域のレピータ局を探してみてください．きっと皆さんの近くにあると思います．

　レピータ局は，ハンディ・トランシーバの局やモービル局の強い味方です．ローカル局となかなか交信できないときは，レピータ局を使ってみましょう．

図3-A　レピータ局の説明
見晴らしが良い場所にあるレピータ局を中継すると，通常は電波が届かない場所とも交信できる．

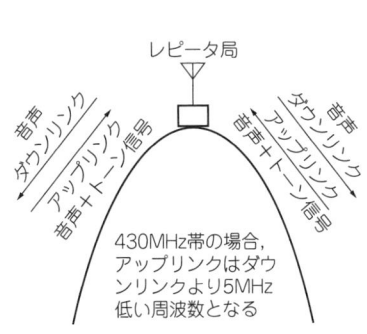

430MHz帯の場合，アップリンクはダウンリンクより5MHz低い周波数となる

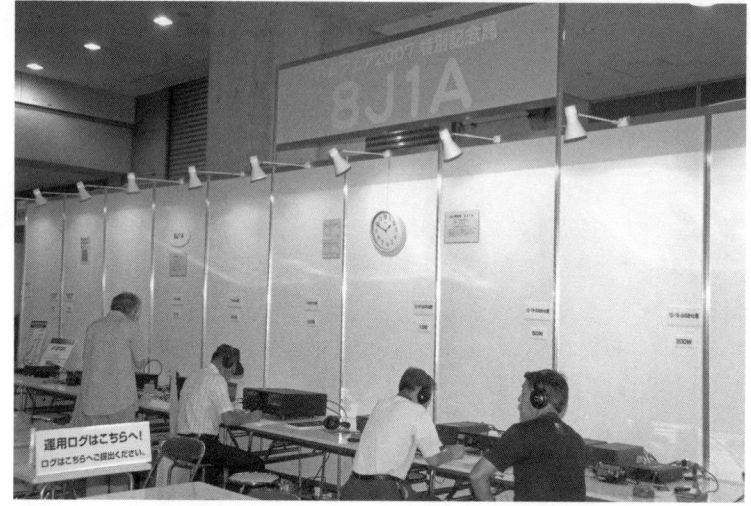

写真3-5　JARLが開設した特別コールサインを持つ記念局
ハムフェア会場内で運用されたアマチュア無線フェスティバル特別記念局 8J1A．この特別記念局は毎年運用が行われる．

が行っています(**写真3-5**)．記念局とは，JARLや地方公共団体，そのほかの団体が主催，後援または協賛する行事をPRするために開設する特別なアマチュア無線局です．記念局には8から始まる特別なコールサインが割り当てられます．記念局は期間限定の局です．新しい記念局を見つけたらできるだけ交信しておきましょう．次のチャンスはないかもしれませんよ．

　また，JARLが開設する記念局は，アマチュア無線従事者免許証を持っている人なら誰でも運用できます．チャンスがあったらぜひ運用してみましょう．

　また，レピータ局の管理やアマチュア衛星の維持・管理も行っています．

　さて，JARLの活動についていろいろ説明しましたが，このほかにもまだまだいろいろな活動を行っています．この活動はJARL会員だけでなく，アマチュア無線を楽しむすべての人に通じる活動といってよいでしょう．

　もしJARLがなかったら，今日のようなアマチュア無線のスタイルはなかったかもしれません．皆さんもJARLに入会し，アマチュア無線を楽しんでください．

第04章

初めて交信するビキナーのために

アマチュア無線の交信入門

JR3QHQ　田中 透 *Toru Tanaka*

　初めのうちは交信のときに何を言っていいのかわからないのが普通です．この章では，どのようにして交信するのかを説明します．

4-1　交信を始める前に

　国家試験に無事合格して免許証の申請，そして無線局の申請と難関をクリアしてやっと自分のコールサインをもらったら，次は念願のアマチュア無線局との交信が待っています．

　たぶんビキナーの皆さんは，ここでも戸惑いを持っていると思います．筆者も初めてのときは，どのようにしてほかのアマチュア無線家と話をすればよいのかまったくわかりませんでした．

　筆者の場合は，近くにアマチュア無線家がいたので，その人にいろいろ聞けましたが，世の中そんな好都合にはできていません．そこで，ここでは近くに住むアマチュア無線家の代わりにアマチュア無線の交信の方法を説明します．

4-1-1　ワッチから始めよう

　アマチュア無線は，まずワッチから始まります（無線でワッチとは受信することだが，これは船舶などでよく使われている言葉で「見張る」という意味）．

　ワッチとはそのバンド（周波数帯）でどのような地域から電波が届いているか，じっくり受信してバンド・コンディションを確認することです．けれどもビキナーの皆さんは，それと同時にどんな風に交信しているのかを注意深く聞くことが大事です．

　トランシーバのダイヤルを回して，CQを出している局や交信している局のようすをよく聞いてください．初めて聞いたなら，たぶん専門用語（Q符号・略語）などが出てきてさっぱりわからないと思いますが，専門用語などは聞いているうちにだんだん理解できてきます．また本章でも説明しますので（後述），どのような言葉が使われているかだけ覚えておいてください．

4-1-2　普段の話し方でOK

　このワッチで耳にした先輩アマチュア無線家の話し方を真似ていけばよいのですが，アマチュア無線家もいろいろな人がいます．中には必要以上の丁寧語を使う人もいますが，そんな必要はありません．専門用語などは使いますが，無線だからといって特別な喋り方があるわけではないので，普段使っている普通の話し方で大丈夫なのです．大事なのは，相手の立場に立ってわかりやすいように話をすることです．

4-2 交信の方法

それでは実際の交信内容について，場面を想定して紹介していきましょう．

■ 4-2-1 アマチュア無線の交信例

これから説明する交信例は，HF帯を想定したものです．使用している周波数は21 MHz帯で，JR3QHQ局とJL3JRY/6局[注1]が交信します．

注1：コールサインに付いている"/"は，ポータブルまたはストロークと発音する．

JR3QHQ局がCQを出しています．
CQフィフティーン・メーター．CQフィフティーン・メーター．
こちらはジュリエット，ロメオ，スリー，クェベック，ホテル，クェベック．ジュリエット，ロメオ，スリー，クェベック，ホテル，クェベック．JR3QHQ　大阪府池田市です．
CQフィフティーン・メーター．CQフィフティーン・メーター．
こちらはジュリエット，ロメオ，スリー，クェベック，ホテル，クェベック．ジュリエット，ロメオ，スリー，クェベック，ホテル，クェベック．JR3QHQ　大阪府池田市です．
どちらかお聞きの局，おられましたらコールください．
コーリングCQアンド・スタンディング・バイ．

JL3JRY/6が応答します．
ジュリエット，ロメオ，スリー，クェベック，ホテル，クェベック．
こちらはジュリエット，リマ，スリー，ジュリエット，ロメオ，ヤンキー，ポータブル・シックス．JL3JRY/6です．
どうぞ．

JR3QHQ局が呼んできたJL3JRY/6に応答します．
ジュリエット，リマ，スリー，ジュリエット，ロメオ，ヤンキー，ポータブル・シックス．
こちらはジュリエット，ロメオ，スリー，クェベック，ホテル，クェベックです．
こんにちは，応答ありがとうございます．
あなたのRSレポートは59(ファイブ・ナイン)です．大変強力に届いています．
QTHは大阪府池田市です．イロハのイ　景色のケ　タバコのタに濁点，池田市です．
私の名前はタナカ(田中)と言います．タバコのタ　名古屋のナ　為替のカ　タナカと言います．
それでは，お返しします．
JL3JRY/6こちらは，JR3QHQです．どうぞ．

JL3JRY/6が応答します．
JR3QHQこちらは，JL3JRY/6です．

こんちにはタナカさん．
59のレポート大阪府池田市からありがとうございます．こちらにも大変強力に届いています．
RSレポートは，同じく59です．
こちらのQTHは熊本県熊本市です．クラブのク　マッチのマ　もみじのモ　東京のト　熊本市移動です．
JCCナンバーは4301です．
オペレーター名は，オクダ(屋田)です．大阪のオ　クラブのク　タバコのタに濁点　オクダと申します．
こちらのWXはベリーファイン，とても良い天気です．気温は25度です．
現在使っているトランシーバーはアイコムのIC-7000 Mで出力50 Wです．
アンテナは，地上高10 mのグラウンド・プレーンです．
お返しします．
JR3QHQこちらはJL3JRY/6です．どうぞ．

JR3QHQが応答します．
JL3JRY/6こちらはJR3QHQです．
オクダさん，熊本市からファイブ・ナインのレポートとリグ・アンテナの紹介ありがとうございます．
こちらの使っているリグは，ケンウッドのTS-940Sです．出力は100 Wです．
アンテナは，地上高20 mの4エレメント・トライバンダー八木です．
池田市の天気も晴れで，気温は26度ほどあります．
できれば，JARLビューロ経由でQSLカードの交換をお願いしたいのですがいかがでしょうか？
JL3JRY/6こちらはJR3QHQです．どうぞ．

JL3JRY/6が応答します．
JR3QHQこちらはJL3JRY/6です．
タナカさん，了解しました．
大変FBなリグ・アンテナを使っておられますね．羨ましい限りです．
QSLカードはJARLビューロ経由でOKです．こちらからも送ります．
それでは，ファイナルを送りたいと思います．
タナカさん，FBなファーストQSOありがとうございました．
コンディションの良い日は，よくこのバンドに出ていますので，またお会いできる日を楽しみにしています．
ほかのバンドにも出ていましたら，そちらでもQSOをよろしくお願いします．
JR3QHQこちらはJL3JRY/6でした．
73(セブンティー・スリー)さようなら．

JR3QHQが応答します．
JL3JRY/6こちらはJR3QHQです．
オクダさん，了解です．
QSLカードの交換，ありがとうございます．こちらからもビューロ経由で送ります．
こちらこそ，FBなファーストQSO，ありがとうございました．

ほかのバンドも出ていますので，またお会いしましょう．
JL3JRY/6こちらはJR3QHQでした．
73(セブンティー・スリー)さようなら．

　アマチュア無線の交信はこのような感じで行われています．この交信は，あくまでも例として紹介しているので，このとおり喋らないといけないというものではありません．しかし，コールサインや名前，QTH，リグ，アンテナなどを自分のものに変えて，そのまま読み上げても交信できます．

　皆さん，この交信内容すべて理解できましたか？　たぶんわからないところもあると思います．ここからは，この交信内容を詳しく説明していきましょう．

■ 4-2-2　交信内容の解説
● CQを出している局への応答する方法

　ビギナーはCQを出すより，CQを出している局に応答するほうが多いと思うので，CQへの応答の仕方から説明したいと思います．

　ワッチしていると，CQを出している局が多くいることがわかると思います．CQとは「どなたでも結構ですので私に応答してください」という意味です．まず応答の前にやらなくてはならないことは，相手のコールサインを間違いなく確認することです．そして，相手に送るRSレポートを自分で決めておくことです．相手のコールサインの確認ですが，交信例にもあったように，CQを出している局はこんな風に喋っていると思います．

　「ジュリエット，ロメオ，スリー，クェベック，ホテル，クェベック」

　これは**フォネティック・コード**といわれるもので，国際基準で作られた，文字を正確に伝えるためのものです．これは交信を行う上で最低限必要なものです．必ず覚えておきましょう．フォネティック・コードの一覧を**表4-1**に示します．

　この表にもありますが，アマチュア無線の交信では，正式なフォネティック・コード以外も使われています．ビギナーの皆さんは正式なフォネティック・コードを使ってください．しかし，交信中に相手局がそれ以外のフォネティック・コードを送ってくるかもしれません．念のために，よく使われているいろいろなフォネティック・コードを併記します．

　CQに続けて，「フィフティーン・メーター」と言っていますね．この「フィフティーン・メーター」とは，現在CQを出している周波数帯のことで，CQを出すときに運用している周波数帯を波長で言う習慣があります．これには理由があるのです．詳しくはp.68のコラムで説明しています．交信例は21 MHz帯なので「フィフティーン・メーター」と言っています．3.5 MHzでは「エイティー・メーター(80 m)」，7 MHz帯では「フォーティー・メーター(40 m)」のように言います．しかしこれは，必ず言わなくてはいけないものではないので省略しても構いません．

　JR3QHQ局は「スタンディング・バイ」と言って受信に移りました．「スタンディング・バイ」とは，これから「受信します」という意味です．

　交信のルールとして，相手局への送信の始めと終わりには，できるだけ相手のコールサインとこちらのコールサイン，そして「どうぞ」と言うようにしましょう．「JL3JRY/6 こちらはJR3QHQです．どうぞ」とこんな感じです．

48　第4章　アマチュア無線の交信入門

表4-1　フォネティック・コード

文字	正式なフォネティック・コード 発　音	通常のQSOで使われることがあるフォネティック・コード	文字	正式なフォネティック・コード 発　音	通常のQSOで使われることがあるフォネティック・コード
A	ALFA アルファ	アメリカ	N	NOVEMBER ノベンバー	ノルウェー, ナンシー
B	BRAVO ブラーボウ	ボストン, ベイカー	O	OSCAR オスカー	オンタリオ, オオサカ
C	CHARLIE チャーリー	カナダ	P	PAPA パパ	ピーター
D	DELTA デルタ	デンマーク	Q	QUEBEC クェベック	クイーン
E	ECHO エコウ	イングランド	R	ROMEO ロメオ	レディオ
F	FOXTROT フォックストロット	フロリダ, フォックス	S	SIERRA シアラ	サンチアゴ
G	GOLF ゴルフ	ジャーマニー	T	TANGO タンゴ	トーキョー
H	HOTEL ホテル	ホノルル, ヘンリー	U	UNIFORM ユニフォーム	アンクル
I	INDIA インディア	イタリー	V	VICTOR ヴィクター	ヴィクトリア
J	JULIETT ジュリエット	ジャパン	W	WHISKEY ウィスキー	ワシントン
K	KILO キロ	ケンタッキー	X	X-RAY エックスレイ	
L	LIMA リマ	ロンドン	Y	YANKEE ヤンキー	ヨコハマ
M	MIKE マイク	メアリー	Z	ZULU ズールー	ザンジバル

　コールサインをお互いに確認しあったら，もうフォネティック・コードを使う必要はありません．アルファベットをそのまま読み上げましょう．

● CQの出し方

　最初に「アマチュア無線では，まずワッチから始まる」と書きましたが，CQを出すときもワッチから始めます．誰かが交信しているところに，いきなりCQを出すと相手に迷惑をかけてしまいます．まず，空いている周波数を探すところから始めましょう．

　誰も出ていない，つまり，交信が聞こえないときやCQを出している局がいない周波数を見つけたら，3分程度その周波数を聞いてみましょう．なぜ3分もじっと聞いていなければならないかというと，もしかしたらその周波数で誰かが交信していても，その相手局の信号が，こちらでは受信できていないという場合があるからです．

　よくワッチしないで，誰も交信していないと思ってCQを出すと，もう1人の交信相手に迷惑がかかります．実は，筆者もよくやりました．こんなときは素直に「すみません」と謝まりましょう．

　さて，誰も使っていない周波数を見つけたら，電波を出して本当に誰も使っていないかどうかを確か

めます．その方法は，「この周波数お使いですか？」と送信して確認することです．誰も使っていなければ誰も応答しません．使っていれば「使ってます」と応答があります．応答があった場合は，何も言わずにほかの周波数を探しましょう．この場合は「すみません」と謝る必要はありません．「すみません」と言うことが相手にとって再び混信になり，さらに迷惑をかけてしまうからです．

　さて，誰も使っていない周波数を見つけたら，交信例のようなCQを出しましょう．しかし，1回CQを出せば必ず誰かが応答してくれるわけではありません．応答がない場合は，その周波数で何回も根気良くCQを出してください．コンディション次第ですが，いずれ誰かが応答してくれるでしょう．してくれないかもしれませんが…．しかし，がっかりすることはありません．交信できるかどうかわからないところが，アマチュア無線の面白さです．

　交信例では，自分のQTH（運用地）をアナウンスしていますが，これは応答率を上げる一つの方法です．運用場所を伝えることにより，その場所の局と交信したいと思っている局にアプローチを掛けているのです．

● そのほかのCQの出し方

　CQの出し方にもいろいろあります．よく耳にするのは「CQ DX」です．これは，HF帯では「私は遠い外国の局と交信がしたい」という意味です．V/UHF帯の場合は「他エリアの局と交信がしたい」という意味になります．そのほかに，場所を指定してCQを出す場合もあります．例えば北海道の局と交信したい場合は「CQ 8エリア」と言います．

　3.5 MHzや7 MHz帯の場合，バンド幅が狭いのでどこをワッチしても誰かが交信しています．こんな場合はどうすればよいのでしょうか？　正直に言って打つ手はありません．これらのバンドは，混信が当たり前です．CQを出すときは，できるだけでいいので，混信が少ないところでCQを出しましょう．交信中に「混信がある」と言ってくる人もいます．狭いバンドでの混信はお互い様ですが，言い争いになっても良いことは一つもありません．速やかに交信を終了しましょう．

● 交信の基本は相手のコールサインの確認とRSレポートの交換

　アマチュア無線における交信の基本は，相手のコールサインの確認と**RSレポート**の交換です．一般的には，お互いにこの二つが確認できれば交信が成立したと考えられます．

　「R」はリーダビリティーといって，了解度のことです．これは5から1の5段階で表します．簡単に言うと相手の会話がどれくらい聞き取れるかということです．100％聞き取れるのか，それとも少し聞き取りづらいところがあるのかということを確認しましょう．無線機に了解度を示すメータは付いていないので，自分で判断します．普通に聞こえていれば「5」を送りましょう．

　「S」は，シグナル・ストレングスといって信号強度のことです．無線機のSメータを見ればよいのですが，あくまで目安としてください．信号強度は9から1までの数字を相手に伝えます．

　Sメータが付いていない無線機を使っている場合は，自分の感覚で判断します．強く入感していると感じれば「9」，ところどころ弱いなと思えば「5」，聞こえるかどうかのギリギリであれば「1」といった具合です．**表4-2**にRSレポートの数字の意味を示すので，これを元に判断してください．

　交信を聞いていると，「レポートは5と9（ごときゅう）です」のようにRSレポートを送る人もいますが，初心者の皆さんは真似しないでください．間違った言い方であるとは言いませんが，この言い方に嫌悪感を持つ人も大勢います．「ファイブ・ナイン」と言ったほうがスマートでよいでしょう．

表4-2　RSレポート

R 了解度(Readability)	
5	完全に了解できる
4	実用上困難なく了解できる
3	かなり困難だが了解できる
2	かろうじて了解できる
1	了解できない
S 信号強度(Signal Strength)	
9	極めて強い信号
8	強い信号
7	かなり強い信号
6	適度な強さの信号
5	かなり適度な強さの信号
4	弱いが受信容易
3	弱い信号
2	たいへん弱い信号
1	微弱でかろうじて受信できる信号

表4-3　そのほかのRSレポート

CWで送るRSTレポートの「T(Tone)」の意味	
9	完全な直流音
8	よい直流音色だが，ほんのわずかにリプルが感じられる
7	直流に近い音で，少しリプルが残っている
6	変調された音．少しビューッという音を伴っている
5	楽音的で変調された音色
4	いくらかあらい交流音で，かなり楽音に近い音
3	あらくて低い調子の交流音でいくぶん楽音に近い音調
2	大変あらい交流音で，楽音の感じは少しもしない音調
1	極めてあらい音
SSTVで送るRSVレポートの「V(Visual)」の意味	
5	ノイズのない完全な画像
4	多少ノイズがある画像
3	ノイズが多いが内容がわかる
2	ノイズが非常に多いがかろうじて内容がわかる
1	ノイズが非常に多く何の画像かわからない

● 知っておいて損はしない，そのほかのRSレポート

　ここでは，SSBなどの電話での交信について紹介していますが，CWやSSTV，RTTYなどにおける交信のときに使うRSレポートについてもちょっと紹介しておきましょう．電話では最後のTがないのでRSレポートとなっていますが，本来レポートはRSTレポートと言っています．このTはCWやRTTY運用のときに使うのですが，トーンのTという意味です．CWやRTTYでは，599とRSTのトーンもレポート中に入れて交換します．

　SSTVではRSVになります．このVはビジュアルのVで，モニタ画面を見てノイズもなくきれいに写っているかどうかでレポートを交換します．このRSVのVの場合は最高が5なので，一番良いレポートは595になります（**表4-3**）．

● 名前や運用場所の紹介

　相手のコールサインの確認とRSレポートの交換が終わったら，交信は成立しています．後は，気軽にコミュニケーションを楽しみましょう．交信例では，お互いに自己紹介をしていますね．初めての交信の場合は，自己紹介をします．これは，無線に限ったことではありません．初めて出会った人には，自己紹介をするのが礼儀ですよね．

　交信例では「QTHは大阪府池田市です．イロハのイ　景色のケ　タバコのタに濁点　池田市です．私の名前はタナカ（田中）と言います．タバコのタ　名古屋のナ　為替のカ　タナカと言います」と言っています．これは相手に場所や名前を正確に伝える手段です．

　名前と運用地は，**和文通話表**（**表4-4**）を使って一字一句間違いのないように伝えます．外国の局と交信する場合はフォネティック・コードを使い，アルファベット1文字ずつ送ります．自分の運用場所や名前は，これを使って言えるようにしておきましょう．初めのうちは紙に書いて読み上げるのも一つの方法です．

　また，「QTH」という言葉が出てきますが，これは**Q符号**といっていろいろな無線の通信で使われる略語の一つです．Q符号は主にモールス通信で使われてきましたが，便利なので電話での通信にも使われ

表4-4 和文通話表

				文　字					
ア	朝日のア	イ	いろはのイ	ウ	上野のウ	エ	英語のエ	オ	大阪のオ
カ	為替のカ	キ	切手のキ	ク	クラブのク	ケ	景色のケ	コ	子供のコ
サ	桜のサ	シ	新聞のシ	ス	すずめのス	セ	世界のセ	ソ	そろばんのソ
タ	煙草のタ	チ	千鳥のチ	ツ	鶴亀のツ	テ	手紙のテ	ト	東京のト
ナ	名古屋のナ	ニ	日本のニ	ヌ	沼津のヌ	ネ	ねずみのネ	ノ	野原のノ
ハ	はがきのハ	ヒ	飛行機のヒ	フ	富士山のフ	ヘ	平和のヘ	ホ	保険のホ
マ	マッチのマ	ミ	三笠のミ	ム	無線のム	メ	明治のメ	モ	もみじのモ
ヤ	大和のヤ		──	ユ	弓矢のユ			ヨ	吉野のヨ
ラ	ラジオのラ	リ	リンゴのリ	ル	るすいのル	レ	れんげのレ	ロ	ローマのロ
ワ	わらびのワ	ヰ	ゐどのヰ		──	ヱ	かぎのあるヱ	ヲ	尾張のヲ
ン	おしまいのン	゛	濁点	゜	半濁点				
				数　字					
一	数字のひと	二	数字のに	三	数字のさん	四	数字のよん	五	数字のご
六	数字のろく	七	数字のなな	八	数字のはち	九	数字のきゅう	○	数字のまる
				記　号					
ー	長音	、	区切点	∟	段落		下向き括弧		上向き括弧

表4-5 コール・エリア

コール・エリア		県　名
1エリア	関東地方	東京都，神奈川県，千葉県，埼玉県，茨城県，栃木県，群馬県，山梨県
2エリア	中部地方	静岡県，岐阜県，愛知県，三重県
3エリア	近畿地方	京都府，滋賀県，奈良県，大阪府，和歌山県，兵庫県
4エリア	中国地方	岡山県，島根県，山口県，鳥取県，広島県
5エリア	四国地方	香川県，徳島県，愛媛県，高知県
6エリア	九州地方	福岡県，佐賀県，長崎県，熊本県，大分県，宮崎県，鹿児島県，沖縄県
7エリア	東北地方	青森県，岩手県，秋田県，山形県，宮城県，福島県
8エリア	北海道地方	北海道
9エリア	北陸地方	富山県，石川県，福井県
0エリア	信越地方	新潟県，長野県

るようになりました．

「QTH」とは，現在電波を出している場所のことをいいます．本来は，緯度・経度で表しますが，アマチュア無線の場合は運用場所の市・郡・区で結構です．そのほか，交信でよく使われるQ符号は後の項でまとめて説明します．

交信例では「JR3QHQ こちらは，JL3JRY/6（ポータブル・シックス）」と言ってますね．このポータブル・シックスは，JL3JRY局が九州地方で移動運用を意味しています．日本は地方ごとに10の**コール・エリア**に分かれています．コールサインの3文字目の数字がコール・エリアを表しているのです．**表4-5**にコール・エリアを示します．

そして交信中に「こちらのQTHは熊本県熊本市です」とアナウンスしているので，熊本市から運用していることがわかります．

またその後に「JCCナンバーは，4301です」と言っています．これは，JCC/JCGナンバーというもので，JARLが制定しています．すべての都道府県・市・郡にナンバーが付けられていて，そのナンバーを言っているのです．このナンバーは通常の交信の際によく使われます．もちろん，区にも区番号とい

われるナンバーが付けられています．JCC/JCG/区番号は資料編に掲載しています．

- **無線機・アンテナの紹介**

　交信で無線機やアンテナの紹介を必ず行わなければいけないということはありません．しかし，無線機とアンテナの紹介は，会話の良いネタになります．

　JR3QHQ局は，「こちらの使っているリグは，ケンウッドのTS-940Sです．出力は100Wです．アンテナは，地上高20mの4エレメント・トライバンダー八木です」と言っています．

　「リグ」とは無線機のことです．使用している無線機の，メーカー名と機種名を紹介しましょう．そしてアンテナの「4エレメント・トライバンダー八木」は難しいかもしれませんね．これは，4本のエレメントがあり，このアンテナ一つで3バンドの電波が出せる八木アンテナのことです．そのほかには，GP（グラウンドプレーン・アンテナ）やダイポール・アンテナなど，いろいろなアンテナの名前があります．交信中にアンテナの紹介があったとき，だいたいどんなアンテナか思い描けるようにしておくと，交信も楽しくなります．

　もし，相手のアンテナがどんなアンテナかわからない場合は，相手に聞いてもよいでしょう．話題が広がり，交信がもっと楽しくなってきますよ．ビギナーですから，わからないことは交信相手にどんどん聞くようにしましょう．きっと，丁寧に教えてもらえるはずです．

- **QSLカードの交換**

　QSLカードは交信証とも言い，お互いが交信したことを証明し合うために交換するものです．だいたい葉書と同じ大きさで，自分のコールサインや名前，運用場所，相手のコールサイン，交信日時，周波数，電波型式，RSレポートなどを記入すればOKです．

　QSLカードは，皆さん工夫を凝らして作っています．QSLカード製作会社に依頼する方法や，パソコンを使って自分で作る方法もあります．また，版画やスタンプ，中にはすべて手書きというQSLカードが届くこともあります．

　最初はハムショップで売っているQSLカードを使い，必要なことを書き込んだり，パソコンを使って印刷すればよいでしょう．いろいろなデザインのQSLカードが売られているので，自分の好みに合ったQSLカードを作ってください．

　多くの局と交信して，QSLカードを集めるのも楽しいものです．交信例では「できれば，JARLビューロー経由でQSLカードの交換をお願いしたいのですがいかがでしょうか？」と，カードの交換を依頼していますね．

　「JARLビューロー経由」とは，JARLが行っている会員同士のQSLカード転送サービスを利用することです．このサービスを使って海外のアマチュア局ともQSLカードをやり取りできます．この場合，海外の局がJARL会員でなくても構いません．とても便利なサービスなので，JARLへ入会することをお勧めします．

- **何か話題でも…**

　初めての人と喋るときって，ちょっと緊張してどんなことを喋ればよいのか迷いますよね．でも，ただ単にRSレポートを送ったり自己紹介するだけでなく，ちょっとした話題が欲しいものです．

　交信例では，「こちらのWXはベリーファイン，とても良い天気です．気温は25度です」と天気のことを話題にしていますが，通常これくらいは，普通の会話でもしますよね．「こちらのWXは…」という言

葉を使っていますが,「WX」も略語の一つで「天気」という意味です.

　ほかに話題が見つかれば,もっと楽しい交信ができると思います.春であれば「こちらは桜が咲いています」とか「ツバメが巣作りを始めました」など,何でも構いません.住んでいる場所の自慢話も面白いものです.

　筆者の住んでいる池田市は,「呉春」というお酒が有名です.交信中には「池田といえば,呉春がありますね」なんて言われることもあります.そんなときは,その話題で話が弾みます.ほかにも,交信相手のQTHが,旅行などで以前行ったことがある場所なら,それを話題にしてもいいかもしれません.筆者は,交信中に自分の年齢を言うようにしています,これだけでも話題はできます.また,「私は初心者ですので…」なんて言って話題を作るのもいいでしょう.

　ただ,HF帯では長時間安定して交信できる保証はありません.電波の状態が不安定なときは,交信を早めに切り上げるということも覚えておいてください.

● ファイナルの送り方

　ファイナルとは,交信時の最後の挨拶のことです.交信例では「それでは,ファイナルを送りたいと思います.タナカさん,FBなファーストQSO,ありがとうございました.コンディションの良い日は,よくこのバンドに出ていますので,またお会いできる日を楽しみにしております.ほかのバンドにも出ておられましたら,他のバンドでもQSOよろしくお願いします.73(セブンティー・スリー)さようなら」と言ってます.

　このファイナルを送るタイミングはいつでもOKです.あまり相手を意識する必要はありません.交信例でも,いきなり「それでは,ファイナルを送りたいと思います」と言ってますね,これでも大丈夫です.

　交信例の中に「FBなファーストQSO」という言葉が出てきます.「FB」とは「素敵な」とか「素晴らしい」という意味です.また「QSO」は「交信」という意味です.この交信例は「素晴らしい初めての交信,ありがとうございました」という意味になります.

　最後に「73(セブンティー・スリー)」と数字を送っています.これも略語の一つで,「交信相手に最高の敬意を表す」という意味で,交信の最後に必ずと言っていいほどこの数字を言います.

　相手が女性の場合は「88(エイティー・エイト)」と言います.しかし,女性相手に「73(セブンティー・スリー)」を送っても問題ありません.

　無線で使用する略語は,海外の局にも通じるので,海外の局と交信する場合もどんどん使ってください.英語がわからなくても,略語を上手く使えば交信は可能です.

● そのほかの交信方法

　そのほかにも,交信スタイルはいろいろあります.たとえば,一つの局に対して多くの局が呼んでいる場合は,この交信例は使いません.なるべく多くの局に交信の機会を提供するため,コールサインとRSレポートだけを送って,交信を短く終えるようにしましょう.

● 現在多くのアマチュア無線家が使っている言葉で,お勧めしないフレーズ

　本文の中にも少し書きましたが,最近おかしな言葉を使って交信をしている人が多くいます.多くの人がそのような言葉を使っているので,ビギナーはそれが普通だと思って真似をするので,連鎖的に増

えつつあります．
　ここでは，真似して欲しくないフレーズを例を挙げて紹介します．

① **やたら丁寧語を使って交信をする**
　相手を気遣ってそのような言葉を使っていると思います．しかし，たとえ相手がビキナーでもベテランでも，アマチュア無線ではすべての人が対等です．相手の名前を呼ぶとき「何々様」という「様づけ」は不要です．「何々さん」で結構です．普通に喋りましょう．
　周波数の確認のときにも，やたら丁寧に長ったらしく確認する人がいます．例えば「この周波数，混信・妨害・カブリ込みなどございましたらご一報ください」というようなものです．もしその周波数を誰かが使っていれば，余分な混信を与えることになり，かえって迷惑です．「この周波数をお使いですか？」と端的に言えばよいことです．

② **変わった略語を使う**
　JCCやJCGナンバーを「チャーリー・ナンバー」や「ゴルフ・ナンバー」と略して言う人がいますが，正確にJCC/JCGナンバーと言いましょう．筆者は初めてこの言葉を聞いたとき，「新しいナンバーでもできたのか」とびっくりしました．

③ **QSLカード交換のとき「島根経由でよろしく」と言う**
　これは，JARLがQSLカードの転送業務を委託している会社がたまたま島根県にあるからそう言われるのです．実情を知っている人には通じるでしょうが，ビキナーにはわかりません．「JARLビューロー経由で」と言いましょう．

④ **自己紹介のとき，自分の名前を「漢字解釈で…」と称して説明する**
　アマチュア無線で，漢字は必要ありません．交信例もカタカナで表記しています．なぜ，「漢字解釈で…」という慣習ができたのかは確かではありませんが，パソコンを使ってのログ管理から来ているようです．ログの名前の欄に漢字で入力したいということなのでしょう．
　もしそれをするなら，「漢字解釈」と言わずに「漢字では…」で良いと思います．

⑤ **交信終了時に「この周波数お返しします」と言う**
　正直なところ，誰に返すの？？　と思ってしまいます．周波数は誰のものでもありません．間違ってもこんなことは言わないでください．

　まだまだ真似をしてほしくないフレーズはたくさんあります．基本として，アマチュア無線家以外の人が聞いても違和感を持たないように話せばよいということです．電波を通しての会話も，顔を見ながらの会話も同じです．普通に喋ることを念頭に置いてください．無線での通信は「正確に」そして「簡潔に」行うことが求められています．

　いかがでしょうか．交信の方法についてだいたい理解できたでしょうか．この交信例を土台として自分の運用スタイルを作り，その時その時に応じた交信をすれば，どんどん交信が上手くなっていくと思います．
　ためらいがあっても，そこを乗り越えて多くの局と交信し，アマチュア無線を楽しんでください．

4-3 円滑な交信をするために

　円滑な交信をするためには，Q符号や略語，専門用語を理解する必要があります．わからない言葉が出てきたときにすぐわかるように，よく使われるものを選んで説明します．

4-3-1 Q符号

　Q符号とは，効率良くモールス通信を行うために，国際的に決められた略符号です．Q符号はモールス通信だけでなく，電話における交信でも使われています．代表的なQ符号を**表4-6**で説明します．ただし，アマチュア無線で使われるQ符合は，本来の意味から少し離れているものもあるので，内容をよく理解してから使ってください．

4-3-2 略語と専門用語

　アマチュア無線の交信ではさまざまな略語や専門用語を使います．交信のときによく耳にする略語や専門用語を**表4-7**で説明します．いきなりすべてを覚えるのは難しいので，交信を重ねながら少しずつ覚えていきましょう．

表4-6　よく使われるQ符号

Q符号	本来の意味 アマチュア無線で慣用的に使われている意味．　　使用例．
QRA	貴局名は何ですか？ 名前のことを指す．ただし海外局には通じないので注意が必要．
QRH	こちらの周波数は，変化しますか？ 送信周波数が動くことを指す．　例：QRHがあります（送信周波数が動いています）．
QRM	こちらの伝送は混信を受けていますか？ 混信のことを指す．　例：QRMがあってよく聞き取れません．
QRP	こちらは送信機の電力を減少しましょうか？ 一般的には，5W以下の出力で送信することを指す．　例：現在QRPの5Wで運用中です．
QRT	こちらは送信を中止しましょうか？ 運用を止めることを指す．　例：これでQRTします．
QRV	そちらは用意ができましたか？ 運用することを指す．　例：明日は六甲山からQRVします．
QRZ	誰がこちらを呼んでいますか？ 誰かに呼ばれていることを確認するときに使う．　例：QRZ，どなたかこちらをお呼びですか？
QSB	こちらの信号にはフェージングがありますか？ フェージングのことを指す．　例：QSBの谷間で聞こえませんでした．
QSL	そちらは受信証を送ることができますか？ ① 交信証（QSLカード）のこと．② 了解という意味． 例：① QSLカードの交換をお願いします．② QSLです（了解です）．
QSO	そちらは…と直接（または中継）で通信することができますか？ 交信のことを指す．　例：私はアメリカの局とQSOしたことがあります．
QSP	そちらは無料で…へ中継してくれませんか？ 伝言のことを指す．　例：××さんへQSPしておきます．
QSY	こちらは他の周波数に変更して伝送しましょうか？ 周波数を変更することを指す．　例：21.210MHzから21.250MHzへQSYしてください．
QTH	そちらの位置は何ですか？ 住所，運用場所のことを指す．　例：当局のQTHは大阪府池田市です．

表4-7 略語と専門用語

言　葉	意　味
BF	あまりよくないという意味．自分がへりくだった言い方をするときに使う．素晴らしいという意味のFBをひっくり返して作った言葉．相手に対しBFという言葉は使わない．また，日本以外では使われないので海外局との交信には使わないようにする． 使用例：BFなカードですがお受け取りください(あまりよくないQSLカードですがお受け取りください)．
CQ	不特定多数のアマチュア局を呼び出すときに使う．
DX	遠距離を指す．また，外国との交信のことを指す．　使用例：DX QSO(外国局との交信)．
FB	素晴らしいという意味で使われる．　使用例：FBなアンテナですね(素晴らしいアンテナですね)．
OM	男性のことを表す言葉．女性ハムが自分の配偶者を指すときにも使う．
QSLカード	お互いが交信したときに交換する交信証．交信証の交換は義務ではないが，できるだけ交換したい．
RSレポート	5段階の了解度と9段階の信号強度で，相手から送られてくる信号の状態を表して相手局へ送るレポートのこと．信号強度はトランシーバのSメータを見て判断できるが，了解度を示すメータはないので主観で判断する．ほとんどの場合，了解度は「5」を送っておいて間違いない．Sメータがないトランシーバの場合も信号強度を主観で判断してよい．実際の信号強度との差があっても問題はない．RSレポートはあくまでも主観なので，難しく考える必要はない．
Sメータ	トランシーバに付いている信号強度を表すメータ．最近のトランシーバではいろいろなメータを兼ねていることが多いが，ほとんどの場合，受信時にはSメータとして動作するようになっている．
WX	天気のことを表す略語．
YL	女性のことを表す言葉．男性ハムが自分の配偶者を指すときはXYLという．
移動	常置場所を離れて運用する，移動運用のこと．
エイティー・エイト(88)	男性ハムから女性ハムへ送る交信終了時のあいさつ．また，女性ハムに対しセブンティー・スリーを使っても失礼ではない． 使用例：(女性ハムに対し)交信ありがとうございました．エイティー・エイトさようなら．
カード	アマチュア無線では一般的にQSLカードのことを指す．
かぶる	他局の電波が自分の使用している周波数に重なってくること．混信があること． 使用例：かぶりがあります(混信があります)．
固定	一般的には常置場所である自宅のことを指す．他エリアから転居してきたがコールサインを変更せずにポータブルを付けて運用している局も，自宅からの運用を固定からの運用と言うことがある． 使用例：今日は固定からの運用です(今日は自宅からの運用です)．
コピー	相手の言っていることが了解できたこと．　使用例：オールコピーです(すべて了解しました)．
コンタクト	交信すること．　使用例：2回目のコンタクトです．(2回目の交信です)．
コンディション	電波の飛び具合の状態のこと．電離層の関係や自然現象などで，同じ周波数でも電波の飛び方は日によって違う．コンディションが良い，悪いという話題は，通常の交信で頻繁に出てくる． 使用例：今日はコンディションが良好です(今日は電波の飛び具合が良好です)．
コンテスト	アマチュア無線で行われる競技の一つ．交信局数を点数に換算し，交信できた地域の数などの乗数(マルチプライヤーという)を掛けることにより出た得点を競う．コンテストでの交信はRSレポートとそれぞれのコンテストで決められているコンテスト・ナンバーのみを互いに送る．このコンテスト・ナンバーにマルチプライヤーの情報が入っていることが多い．とても短い交信でたくさんの局と交信する．
サフィックス	日本の局の場合，コールサインに使われているコール・エリアを示す3文字目の数字より後ろの，4文字目から6文字目の2文字または3文字のこと．記念局の場合はサフィックスが1文字の局から5文字の局がある．
ジャール(JARL)	JARL，日本アマチュア無線連盟のこと．日本のアマチュア無線を代表する団体．QSLカードの転送サービスや機関誌であるJARLニュースの発行，E-Mail転送サービスなど，会員には多くのメリットがある．アマチュア無線を楽しむのであればぜひ入っておこう．
シグナル	信号(受信している電波)のこと．
シグナル・レポート	RSレポートのこと
シャック	無線設備または無線室のこと．　使用例：シャックを紹介します(無線設備を紹介します)．
ショートQSO	短い交信のこと．RSレポートだけやRSレポート+運用地と名前だけなど必要最小限の内容のみで行う交信のこと．単にショートと言うこともある． 使用例：ショートQSOで失礼します(短い交信で失礼します)．
スタンディング・バイ	これから受信に移りますという意味．
スタンバイ	待機という意味．使用例：スタンバイしてください(待機してください)．

4-3　円滑な交信をするために

表4-7　略語と専門用語（つづき）

言　葉	意　味
ストローク	「/」の呼び方の一つ．コールサインの後ろに何か情報を付けたいときに，コールサインと情報を分ける意味でストロークを付ける．移動運用局がコールサインの後ろに運用地のエリアを示すときに使われることが多い．また，ストロークの後に小電力局を意味するQRPと続けるのもよく耳にする． 使用例：こちらはJA1YCQ/（ストローク）3です．
セカンド	1) 2回目のこと．　使用例：セカンドQSOですね（2回目の交信ですね）． 2) 自分の子供のことを指す俗語．　使用例：今日はセカンドの運動会です（今日は子供の運動会です）．
セブンティー・スリー（73）	交信を終了するときに使われるあいさつ． 使用例：本日は交信ありがとうございました．73（セブンティー・スリー）さようなら．
デジタルモード	RTTYやPSK31など，コンピュータの画面に情報を表示して通信するモードのこと．
ノーQSL	QSLカードを交換しないこと．何度も交信した局からは，これ以上のQSLカード交換は必要ないと言われることがある． 使用例：今日はノーQSLでお願いします（今日はQSLカードの交換は行わないということでお願いします）．
パイルアップ	一つの局を多数の局が呼んでいる状態のことをいう．パイルアップになっている局と交信するときは，RSレポートのみを送るなど，ショートQSOを心掛ける．
ハムログ	業務日誌ソフトウェアの名前．正式名称は「Turbo HAMLOG」．フリーソフトであるハムログは，日本でもっともユーザーが多いといわれている．詳しくは次のWebページにて．　http://www.hamlog.com/
バンドプラン	各アマチュアバンド内が効率良く運用できるように定められた，電波型式ごとに分けられた使用区分．以前は日本アマチュア無線連盟が定めた，いわば紳士協定のようなものであったが，現在は無線局運用規則に定められており，法的な拘束力がある．
ビューロー経由	QSLカードをJARLのQSLカード転送サービスを利用して送ること．JARL経由と呼ぶことも多い． 使用例：カードはビューロー経由で送ります（QSLカードはJARLのQSLカード転送サービスを利用して送ります）．
ファーストQSO	その局と初めて交信すること．
ファイナル	1) トランシーバの終段電力増幅器に使われているトランジスタまたは真空管のこと． 2) 交信の終わりの言葉全般のこと． 使用例：それではファイナルを送ります（それでは交信終了の言葉を送ります）．
プリフィックス	日本ではコールサインの最初の3文字にあたる．外国局の中にはプリフィックスが2文字の局も多く，4文字というものもある．プリフィックスでその局が免許された国や地域がわかる．
ポータブル	「/」の呼び方の一つ．ストロークとの違いは，移動運用局が運用地のコール・エリアを示すときだけに使われる．
ホームQTH	移動運用に出かけた際，自局の常置場所を説明するときに使う．通常は市郡区町村で表す． 使用例：ホームQTH大阪府池田市です（常置場所は大阪府池田市です）．
メイン・チャンネル	FMで運用するときの呼び出し周波数．この周波数を聞いている局は多いので，CQを出すときは呼び出し周波数を使うとQSOできる確率が高くなる．メイン・チャンネルは呼び出し専用の周波数なので，ここで通常の交信を行うことはできない．交信相手との連絡ができしだい，通常の交信を行う周波数（サブ・チャンネルという）に移動する．SSBでの交信には呼び出し周波数は設定されていない．
ラグチュー	アマチュア無線を使って長時間のおしゃべりをすること．仲間内でラグチューすることが多いが，初めて交信した相手とラグチューするということもある．お互いの興味や話題が一致したときなどはラグチューできるチャンスである．ラグチューによっていろいろな情報を得ることもできるので，機会があればどんどんラグチューすることをお勧めする．
リグ	トランシーバのことをいう．交信するときには使用しているトランシーバやアンテナを紹介することも多いので，使用しているトランシーバの名前を紹介できるようにしておこう．ただしアンテナを紹介するときはメーカーが付けている型番を言うのではなく，ダイポール，GP，3エレ八木などという，アンテナの種類を紹介するのが一般的である．
ローカル（局）	近所で開局しているアマチュア局のこと．よいローカル局は何かと力になってくれるので積極的に探そう．
ログ	運用の結果を書き記す業務日誌のこと．業務日誌には交信局，交信日時，RSレポート，相手局の運用地，運用者の名前そのほか交信時に得た情報を書き記す．ノートなどに書いている場合は紙ログと言われる．パソコンでログを管理している割合はとても高く，こちらは電子ログと呼ばれている．
ロケーション	無線局を設置している場所のこと．ロケーションが良いと電波の飛びが良くなる． 使用例：FBなロケーションですね（素晴らしい場所に無線局を設置していますね）．
ワッチ	受信すること．アマチュ無線を楽しむ上で，ワッチは基本とされている．ワッチをすることで，バンドやコンディションが把握できるので，運用する前はまずワッチを心掛けよう．

4-4　交信するバンドについて

4-4-1　アマチュアバンドの特徴とバンドプランについて

　第1章の**表1-1**で説明したように，アマチュア無線には多くのバンドが割り当てられています．しかし，ビギナーがいざ交信しようとしても，どのバンドで運用すればよいのか分かりませんよね．

　ビギナーにお勧めしたいのは，21 MHz帯と50 MHz帯ですが，ほかにもたくさんのアマチュアバンドがあります．そこで，比較的運用者が多い，1.8 MHz帯から1200 MHz帯の各アマチュアバンドの特徴を簡単に紹介しましょう．

　アマチュア無線を運用するにあたり注意点があります．それは，いくらアマチュアバンドの中であっても，好き勝手な周波数で電波を出してはいけないということです．アマチュア無線の交信では，使用するモードごとにバンド内で運用できる周波数が決められています．このことをバンドプランと言います．バンドプランには法的拘束力があるので，必ず守ってください．以下のバンド紹介で，ビギナーの皆さんが運用すると思われるモードに絞ったバンドプランを説明します．

　バンドプランの表ではCWやSSB・SSTVの範囲が幅広く取られています．これは，そこで運用が許可されているということを示していますが，実際の運用状況とは少し違います．ほとんどの場合，運用する周波数は狭い範囲に集中しています．どのあたりの周波数に運用局が集まっているかも示しているので，参考にしてください．

4-4-2　バンドプランに書かれている言葉の意味

　今回示しているバンドプランに書かれている言葉も意味のわからないものばかりだと思います．ここでその言葉を説明します．

- **JARLコンテスト周波数** …… JARLが主催するいわゆる四大コンテストで使用が義務付けられている周波数．
- **非常通信周波数** ………………災害が発生した場合などの非常通信や人命救助の通信を行うための周波数．
- **IBPビーコン周波数** …………国際ビーコン・プロジェクト(International Beacon Project)に参加しているビーコン局が電波を発射している周波数．ビーコンは標識電波とも言い，バンドの状況を確認するために常時または定期的に発射されている電波のこと．国際ビーコン・プロジェクトとは，このビーコン局を世界規模で配置し，世界的なコンディションの把握を行うことを目的としている．
- **全電波型式(研究，実験用)** …すべての電波型式が使用できる．一般の交信も可能だが，専用の区分を持たない電波型式や研究・実験用途の局が優先的に使用できる．
- **データ** ……………………… 占有周波数帯幅が9 MHz以下のデータ通信．
- **高速データ** ………………… 占有周波数帯幅が9 MHz以上のデータ通信．

4-4-3 主なアマチュアバンドの紹介

それでは，アマチュア無線に許可されている主なバンドの特徴を簡単に紹介しましょう．

1.8/1.9 MHz帯（160 mバンド）

1.8 MHzバンドと1.9 MHzバンドは，一般的に使用できるアマチュアバンドの中で最も波長が長いことから，トップバンドとも呼ばれています．中波ラジオの少し上の周波数です．昔はCW（電信）専用バンドでしたが，現在はバンド幅が広がり，SSBなどの電話モードやデジタルモードも許可されています．電離層を利用して交信できる時間帯は，夕方から朝方にかけてのみです．主に1.9 MHzは国内交信，1.8 MHzは海外交信に使われています．波長が長いので，それだけアンテナが大きくなってしまうのが難点です．ビギナーには敷居が高いバンドです．

運用できる主なモードとバンドの内のようす

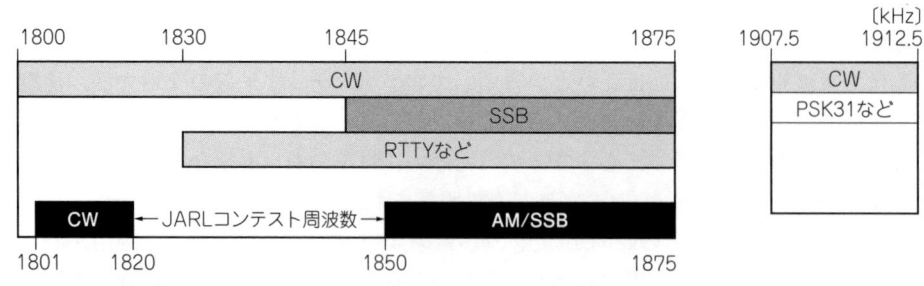

- 海外交信は1.8 MHz帯で行われている．
- SSBの運用はLSBで行われる．
- 1907.5～1912.5 kHzの間は国内交信に使われている．
- 1907.5～1912.5 kHzは帯域幅が200 Hz以内のデジタルモードが運用できる．
- 1801～1820 kHzはJARLコンテスト周波数 CW．
- 1850～1875 kHzはJARLコンテスト周波数 AM/SSB．

3.5/3.8 MHz帯（80 m/75 mバンド）

3.5 MHz帯はトップバンドと同じく，電離層反射を使った交信ができる時間帯は主に夕方から朝方にかけてです．ここから上のバンドからSSBやRTTYなどのモードが使えます．アンテナの大きさはトップバンド（1.9 MHz帯）の半分ですがそれでもかなり大きくなります．

3.8 MHz帯は，3.5 MHz帯とは別のバンドとして区別されています．国内局同士の交信も聞こえることもありますが，主に海外局との交信に使います．3.5/3.8 MHz帯とも，アマチュアバンドの割り当てが飛び石のようになっているので，電波を出すときにはアマチュアバンド以外で電波を出さないよう，周波数をよく確認しましょう．

運用できる主なモードとバンドの内のようす

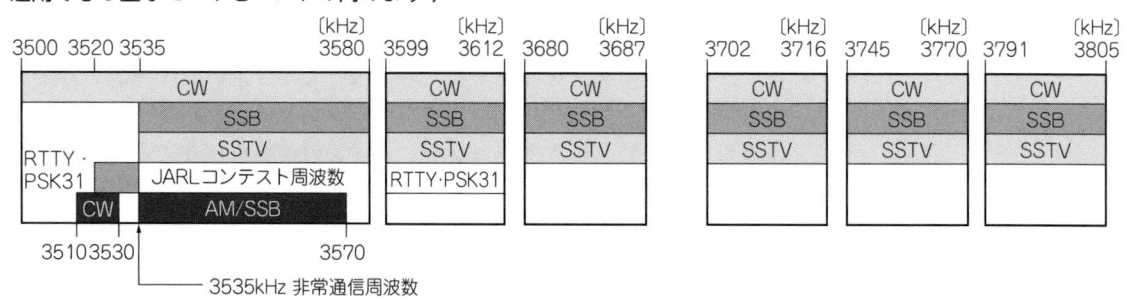

- 3500～3510 kHzは海外局が，3510～3525 kHzは国内局がCWでよく出てくる．
- 3535～3575 kHzは外国の局との交信するときのみRTTYやPSK31などのデジタルモードが運用できる．
- SSBの運用はLSBで行われる．
- 3535～3575 kHzはSSBで交信できるが，夜間のんびりお話をしている局が多い．
- 3599～3612，3680～3687，3702～3716，3745～3770，3791～3805 kHzは，SSBでの海外交信に使われることが多い．
- 3510～3530 kHzは，JARLコンテスト周波数 CW．
- 3535～3570 kHzは，JARLコンテスト周波数 AM/SSB．

7 MHz帯（40 mバンド）

　7 MHz帯は，国内交信をするのに最適なバンドです．日本国内とは1日中交信できます．ただ夕方から夜間は，近くの局が聞こえなくなり，かわりに遠くの局がよく聞こえるようになります．夜間は，海外の局とも交信できるようになります．アンテナは少し大きいのですが，工夫をすると小さなアンテナで電波を出すことができます．市販のアンテナも多くあります．難点は多くの人が出ているのでいつも混信が起こり，混信の中での交信になってしまいます．でも一番人気があるバンドで，海外との交信にも適しています．

運用できる主なモードとバンドの内のようす

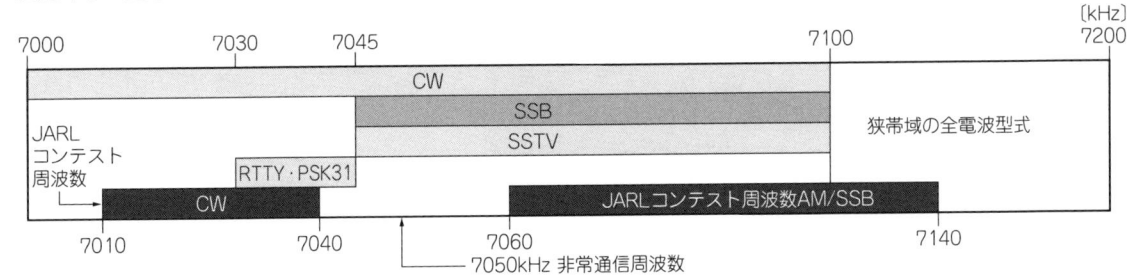

- 7000～7010 kHzは，昼間に国内の移動運用の局がよく出ているが，夕方から夜間・早朝にかけては海外の局がよく出てくる．
- 7010～7030 kHzは，国内の局がよく出ていて，和文でのCW交信も行われている．
- 7045～7100までは海外の局と交信するときのみRTTYなどのデジタルモードが運用できる．
- SSBはLSBで運用される．
- 7045 kHz以上は主にSSBで運用されている．
- 7010～7040 kHzは，JARLコンテスト周波数 CW．
- 7060～7140 kHzは，JARLコンテスト周波数 AM/SSB．

10 MHz帯（30 mバンド）

　10 MHz帯は，2アマ以上でないと電波を出すことができません．SSBでの運用は許可されず，CWとRTTYなどのデジタルモードのみが許可されています．国内・海外ともよく交信ができます．国内では，移動での運用が多いバンドです．このバンドと18 MHz，24 MHzは，，WARC-79（1979年世界無線通信主管庁会議）でアマチュア・バンドに割り当てられたといういきさつから，WARC（ワーク）バンドと呼ばれています．

運用できる主なモードとバンドの内のようす

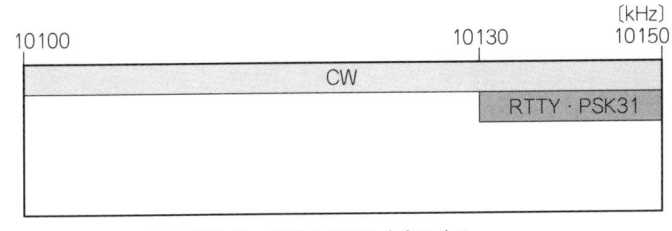

- 10100～10110kHz付近には，海外の局がよく出てくる．
- 10120～10130kHz付近の周波数には，国内の移動運用局がよく出ている．
- このバンドでは通常のコンテストは行われない．ただしQSOパーティーなどには使用できる．

14 MHz帯（20 mバンド）

　14 MHz帯は，2アマ以上でないと電波を出すことができませんが，海外との交信には1番適したバンドです．海外の局は，こぞってこのバンドに出てくるので，ほぼいつでもどこかの国と交信できるバンドです．海外局との交信を目指すなら絶対必要なバンドです．上級のライセンスを取ってこのバンドの醍醐味を味わってください．

運用できる主なモードとバンドの内のようす

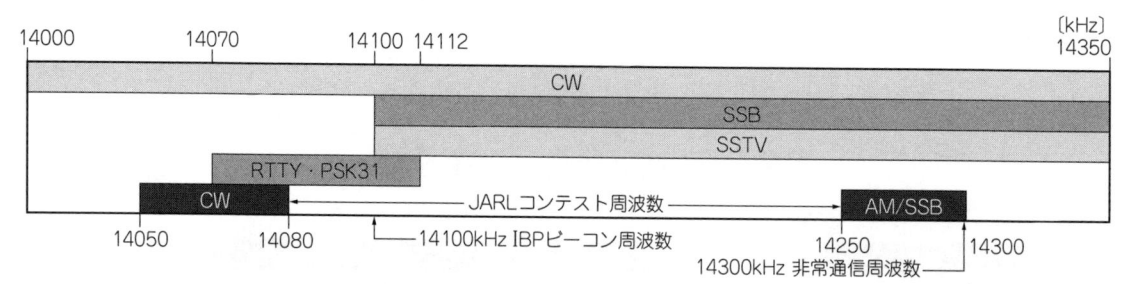

- 14000～14040 kHz付近でCWによるDX交信が多い．
- 14150 kHz付近で国内局のSSBによる交信がよく聞こえる．
- 14112～14150 kHzまでは外国の局と交信するときのみRTTYやPSKなどのデジタルモードが運用できる．
- 14 MHz帯より高い周波数でのSSBによる交信はUSBが使われる．
- SSTVは主に14230 kHz前後での運用している．
- 14195 kHzは，DXペディションでよく使われる．
- 14260 kHzは，IOTA周波数と言って，島から運用する局が出てくる．
- 14050～14080 kHzはJARLコンテスト周波数 CW．
- 14250～14300 kHzはJARLコンテスト周波数 SSB．

18 MHz帯（17 mバンド）

　18 MHz帯は，3アマ以上の資格を持つハムだけが運用できるバンドです．海外局との交信に最も適したバンドの14 MHzとさほど周波数が離れていないので，海外交信に2番目に適したバンドとも言えます．もちろん，国内局も多く出ているので，国内交信も楽しめます．このバンドと10 MHz，24 MHzは，WARC-79（1979年世界無線通信主管庁会議）でアマチュア・バンドに割り当てられたといういきさつから，WARC（ワーク）バンドと呼ばれています．

運用できる主なモードとバンドの内のようす

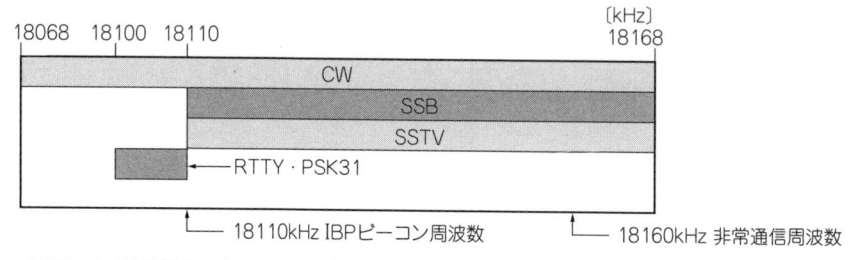

- 18068～18090付近までは，CWでDX局がよく入感する．
- 18090 kHz付近で国内局のCWがよく入感する．
- 18090～18100および18110～18120 kHzは外国の局と交信するときのみRTTYやPSK31などのデジタルモードが運用できる．
- 18130～18150付近で，SSBでDX局がよく入感する．
- このバンドでは通常のコンテストは行われない．ただしQSOパーティーなどには使用できる．

21 MHz帯（15 mバンド）

　21 MHz帯，7 MHz帯（40 mバンド）に引けを取らないほど多くの人が出ています．HF帯では7 MHzに次いで人気のあるバンドです．アンテナも手ごろな大きさで，初心者の方でも日本国内はもとより海外局と交信ができる，初心者にお勧めのバンドです．バンドの幅が広いので混信もあまりありません．夏場は，Eスポが発生して日本中や海外と交信できます．ただし，コンディションによっては何も聞えないこともあります．

運用できる主なモードとバンドの内のようす

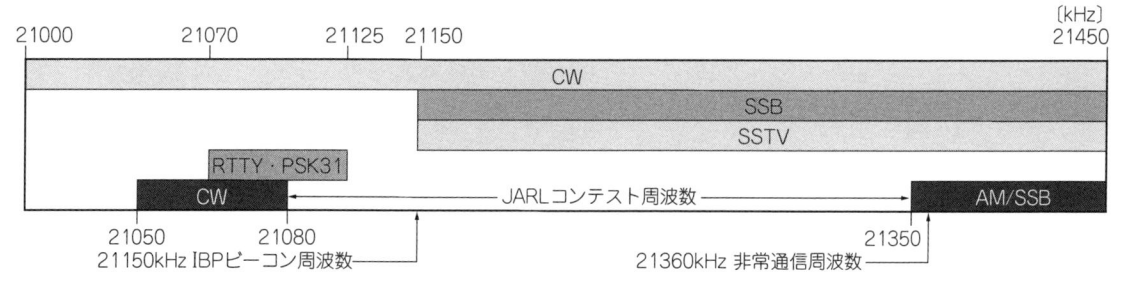

- 21000～21040 kHzあたりには，CWでDXの局がよく使っている．国内でのCW運用は，21110～21150 kHzに多い．
- 21125～21150 kHzは外国の局と交信するときのみRTTYやPSK31などのデジタルモードが運用できる．
- 21150～21200 kHz付近は，SSBによる国内局の交信がよく聞こえてくる．Eスポが出ればこのあたりを中心に多くの局が出てくるが，混信がひどくなると21250 kHzくらいまで広がって多くの局が出てくる．
- 21250～21330 kHzあたりには，SSBでのDX局が出てくる．
- 21295 kHzはDXペディションでよく使われる．
- SSTVでの運用は，21340 kHz付近に多い．
- 21050～21090 kHzはJARLコンテスト周波数 CW．
- 21350～21450 kHzはJARLコンテスト周波数 AM/SSB．

24 MHz帯（12 mバンド）

　24 MHzバンドは，12 mバンドと呼ばれています．特徴は21 MHz帯（15 mバンド）によく似ていますが，出ている人は，多くはありません．ただ，コンディションが良くなれば多くの局が出てくるので面白いバンドです．どちらかというと，国内局よりも海外局のほうがよく聞こえてきます．このバンドと10 MHz，18 MHzは，WARC-79（1979年世界無線通信主管庁会議）でアマチュア・バンドに割り当てられたといういきさつから，WARC（ワーク）バンドと呼ばれています．

運用できる主なモードとバンドの内のようす

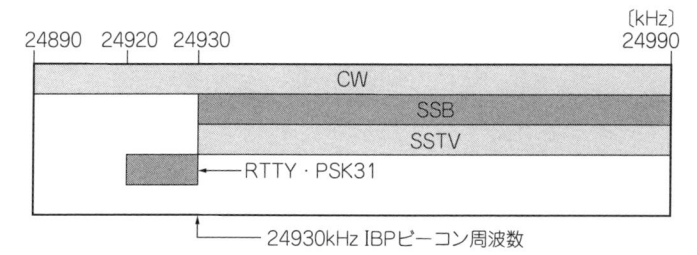

- 24890～24900 kHz付近でDX局のCWによる運用がよく聞こえる．
- 24910 kHz付近で国内局のCWによる運用がよく聞こえる．
- 24930～24940 kHzは外国の局と交信するときのみRTTYやPSK31などのデジタルモードが運用できる．
- 24950 kHz付近でDX局のSSBによる運用が聞こえる．
- 24 MHz帯でのSSBによる国内交信はバンド内の広い範囲で聞こえる．
- 24 MHz帯も21 MHz帯と同様にEスポが出るとにぎやかになる．
- このバンドでは通常のコンテストは行われない．ただしQSOパーティーなどには使用できる．

28 MHz帯（10 mバンド）

　28 MHz帯は，HF帯の中では一番周波数帯域が広く，1.7 MHzもあります．29 MHzでは，FMでの運用も行われています．コンディションが良ければ世界中の局と交信できます．21 MHz帯（15 mバンド）や24 MHz帯（12 mバンド）によく似ていますが，VHF帯の要素もあり面白いバンドです．またこのバンドからレピータや衛星通信が許可されています．

運用できる主なモードとバンドの内のようす

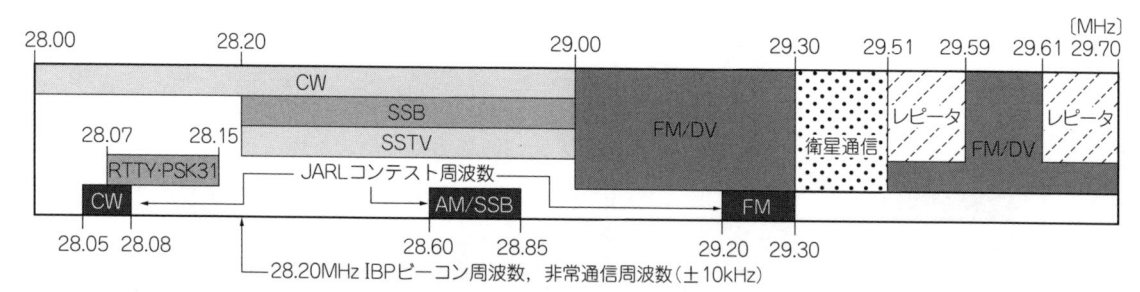

- 28.00〜28.20 MHzまでCWでの運用ができるが，実際には28.00〜28.04 MHzまでがよく使われる．
- 28.15〜28.20 MHzは外国の局と交信するときのみRTTYやPSK31などのデジタルモードが運用できる．
- 28.20〜29.00 MHzまでSSBでの運用ができるが，実際には28.500MHz前後に多くの局が出ている．
- 29.00〜29.30 MHzはFMでの運用．Eスポが出ると急ににぎやかになる．
- 29.60 MHz付近はFMで海外の局と交信できる．FMでの海外局との交信は結構面白い．
- 28.05〜28.08 MHzはJARLコンテスト周波数 CW．
- 28.60〜28.85 MHzはJARLコンテスト周波数 SSB．
- 29.20〜29.30 MHzはJARLコンテスト周波数 FM．

50 MHz帯（6 mバンド）

　50 MHzバンドは6 mバンドと呼ばれています．突然予想もできないような遠距離と交信できることがあるのでマジックバンドと呼ばれることもあります．普段は見通し距離内しか交信できませんが，夏場にEスポが出ると北海道や沖縄などの局とも交信ができます．また，スキャッターと呼ばれる異常伝搬が発生することがあり，このときは日本国中の局と交信できます．異常伝搬が起こったときは，まるで7 MHz帯のようにバンド中が多くの局でにぎわいます．時々海外の局とも交信ができます．移動運用の局も多くいます．

運用できる主なモードとバンドの内のようす

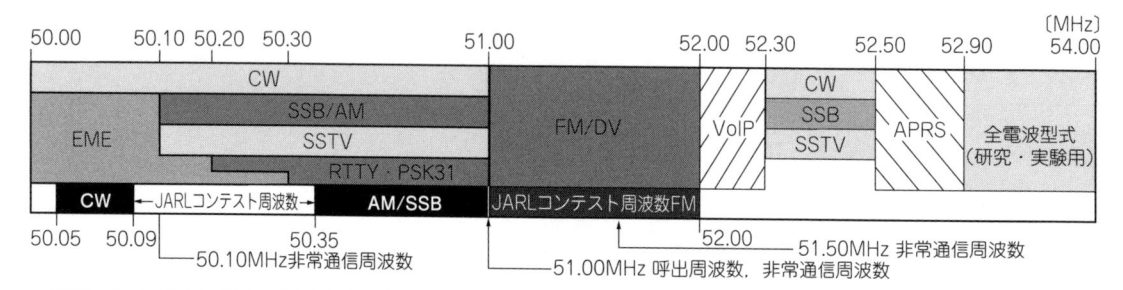

- 50.00〜50.10 MHzは外国の局と交信するときのみRTTYやPSK31などのデジタルモードが運用できる．
- 50.010 MHzではJARLのビーコン局JA2IGYが運用中．
- 50 MHz帯では50.10 MHz以上のSSB周波数でCWが運用されることも多い．
- 50.10〜50.15 MHzは海外交信用になるべくあけておきたい．
- 50.15〜50.25 MHz付近で国内交信が行われている．
- 50.60 MHz付近ではAMで運用する局が聞こえる．
- DVモードは51.00 MHzの呼出周波数を使えない．
- 51.30 MHzはJARLが推奨するDVモード用の呼出周波数/非常通信周波数．
- 50.05〜50.09 MHzはJARLコンテスト周波数 CW．
- 50.35〜51.00 MHzはJARLコンテスト周波数 SSB．
- 51.00〜52.00 MHzはJARLコンテスト周波数 FM．

144 MHz帯（2 mバンド）

　144 MHzバンドは，一般的に2 m（ツーメーター）と呼ばれているバンドです．ここでは，FMでの交信が多く行われています．SSBでも多くの局が出ています．アンテナも小さく，マンションなどのベランダからアンテナを出して運用することも簡単です．ここでは，衛星通信も行われています．でも，ちょっと注意することがあります．免許を持っていない人たちもこの周波数に出てきます．もちろん彼らはアマチュア無線家ではありません．違法無線局です．彼らと交信することは違法行為になります．絶対にしてはいけません．

運用できる主なモードとバンドの内のようす

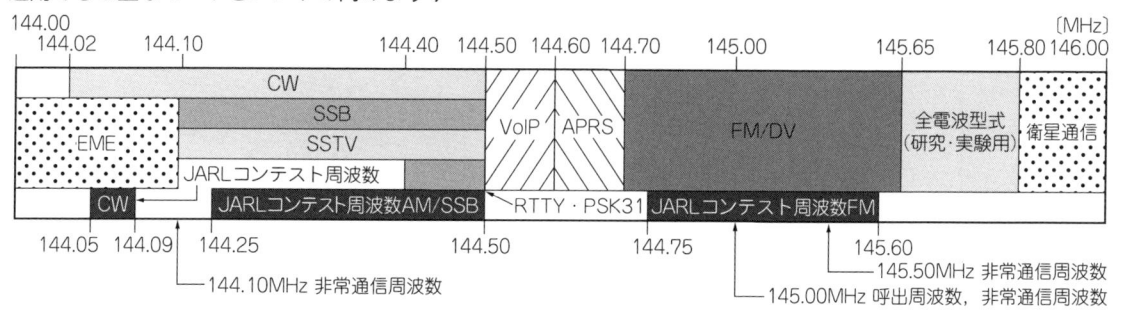

- 144.02～144.10 MHzでは和文CWによる交信がよく聞こえる．
- 144.15～144.25 MHz付近ではSSBによる交信が盛んに行われている．
- 144.30～144.50 MHzは国際宇宙ステーションとの交信のみにFMなどが使用できる．
- 144.70～145.80まではFMによる交信でほぼ埋まっている．
- 145.00 MHzの呼出周波数は，DVモードによる呼出には使えない
- 145.30 MHzはJARLが推奨するDVモード用の呼出周波数/非常通信周波数．
- 144.05～144.09 MHzはJARLコンテスト周波数 CW．
- 144.25～144.50 MHzはJARLコンテスト周波数 SSB．
- 144.75～145.60 MHzはJARLコンテスト周波数 FM．

430 MHz帯（70 cmバンド）

　430 MHzバンドは「ヨンサンマル」とか「フォーサーティー」といった愛称で呼ばれるUHF帯のアマチュアバンドです．特徴は，144 MHzとよく似ていますが，周波数が高くなる分アンテナは144 MHzより小さくなりアンテナを設置しやすいバンドです．ここも衛星通信が行われています．430 MHzには，レピータと呼ばれる中継局を介して運用できるバンドで，ハンディ・トランシーバでもより遠くの局と交信ができます．430 MHzにも違法無線局がるので注意が必要です．初心者から上級者まで多くの局が出ています．インターネットを介した通信もこのバンドで行われています．

運用できる主なモードとバンドの内のようす

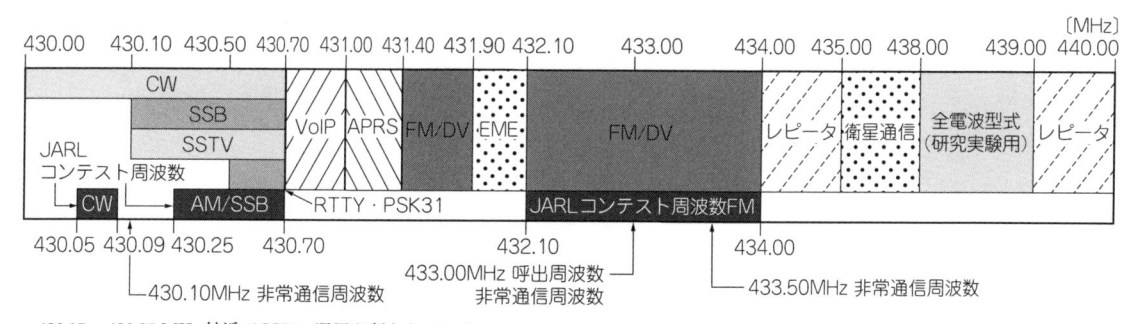

- 430.15～430.35 MHz付近でSSBの運用が行われている．
- 432.10～434.00ではFMによる交信が盛んに行われている．
- DVモードは，433.00 MHzの呼出周波数を使えない．
- 433.30は，JARLが推奨するDVモード用の呼出周波数/非常通信周波数．
- 430.05～430.09 MHzはJARLコンテスト周波数 CW．
- 430.25～430.70 MHzはJARLコンテスト周波数 SSB．
- 432.10～434.00 MHzはJARLコンテスト周波数 FM．

1200 MHz帯

　1200 MHz帯は，バンド幅が広く素晴らしいバンドですが，移動運用のときは，出力が1Wに制限されます．また，周波数がとても高いので光に似た電波の飛び方をします．そのため思うほど遠くへ電波が届かないのが難点です．レピータを介しての交信がよくされています．ATV（アマチュア・テレビ）なども許可されています．ここでもインターネットを介した通信が行われています．

運用できる主なモードとバンドの内のようす

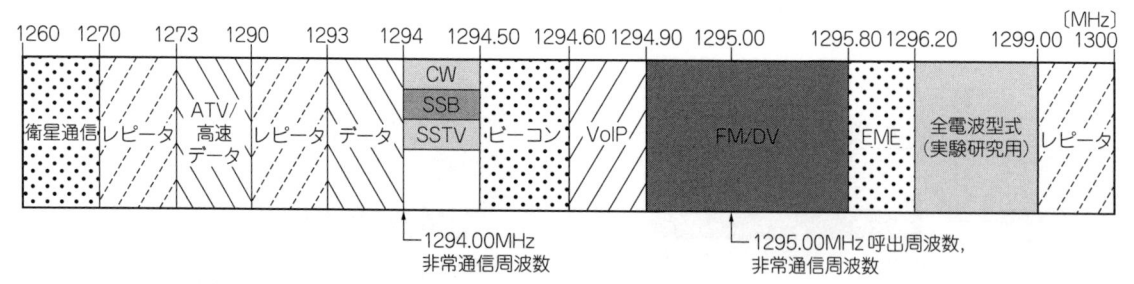

```
1260  1270  1273  1290  1293 1294 1294.50 1294.60 1294.90 1295.00  1295.80 1296.20  1299.00 1300  [MHz]
                                    CW
                                    SSB
衛星通信 レピータ ATV/   レピータ データ SSTV  ビーコン  VoIP    FM/DV    EME  全電波型式  レピータ
              高速                                                    （実験研究用）
              データ
```

　　　　　　　　　　　　　　└ 1294.00MHz　　　　　　　└ 1295.00MHz 呼出周波数，
　　　　　　　　　　　　　　　非常通信周波数　　　　　　　　非常通信周波数

- 1295.00MHzの呼出周波数付近でFMによる交信が聞こえる
- 1294.00～1294.50MHzの間でアクティブな局によるSSBの運用も行われている
- DVモードは1295.00MHzの呼出周波数を使えない

　以上，一般的によく使われているアマチュアバンドを紹介しました．135 kHz帯と475 kHz帯はビギナー向けでないのと，2400 MHzより高い周波数は，市販されているトランシーバがないので，今回は省略しました．

　各アマチュアバンドの説明を参考にして，いろいろなバンドでアマチュア無線を楽しんでください．

4-5　ログの書き方

　交信を行ったら，そのログ（交信記録）を残します．その交信記録はログブック（**写真4-1**）というノートに記載します．しかし最近は，ハムログに代表されるパソコンを使った電子ログで管理する人がとても多くなってきています．電子ログでも従来のログ（紙ログと呼ばれている）でも，記録する内容は同じです．ここでは基本となる紙ログへの記載方法を説明します．

写真4-1　市販されているログブック

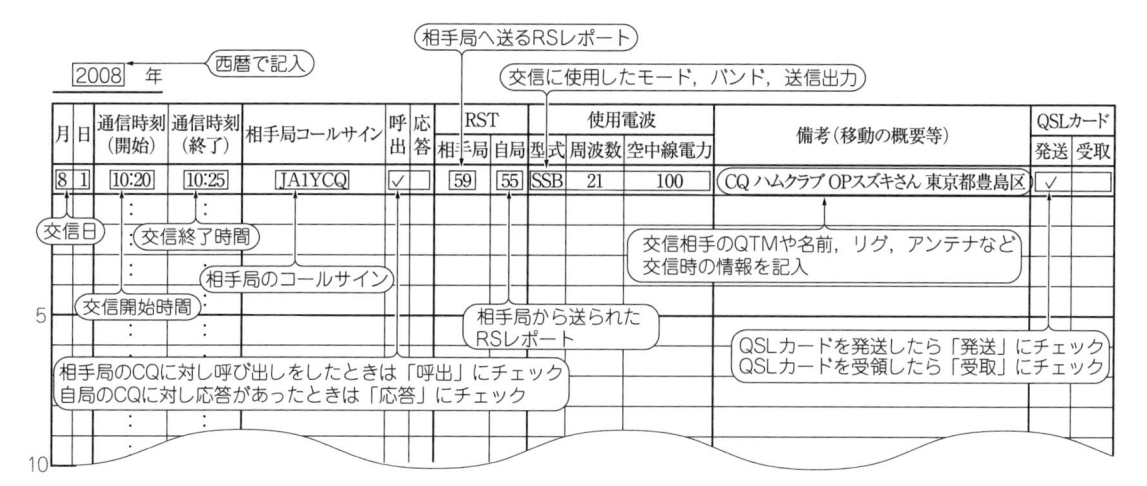

図4-1　ログの書き方

(ラベル: 2008年 [西暦で記入], 相手局へ送るRSレポート, 交信に使用したモード，バンド，送信出力)

表見出し: 月｜日｜通信時刻（開始）｜通信時刻（終了）｜相手局コールサイン｜呼出｜応答｜RST（相手局／自局）｜使用電波（型式／周波数／空中線電力）｜備考（移動の概要等）｜QSLカード（発送／受取）

記入例: 8｜1｜10:20｜10:25｜JA1YCQ｜✓｜｜59｜55｜SSB｜21｜100｜CQ ハムクラブ OPスズキさん 東京都豊島区｜✓｜

（注釈: 交信日／交信開始時間／交信終了時間／相手局のコールサイン／相手局のCQに対し呼び出しをしたときは「呼出」にチェック，自局のCQに対し応答があったときは「応答」にチェック／相手局から送られたRSレポート／交信相手のQTHや名前，リグ，アンテナなど交信時の情報を記入／QSLカードを発送したら「発送」にチェック，QSLカードを受領したら「受取」にチェック）

- **紙ログの書き方**

図4-1を見てください．ここにログの書き方を示します．ログの書き方に特に難しいところはありません．必ず書かなくてはならないのは，「年（西暦）」，「月」，「日」，「通信時刻（開始）」，「相手局コールサイン」，「RST」，「使用電波」です．これらのデータは，QSLカードへ必ず記載する事項なので，間違いなく記入しましょう．

備考に書く内容は何でも構いません．基本的には相手局のQTHや名前があればよいでしょう．しかし，場合によってはQTHや名前を送ってこないこともあるので，そのときは空欄で構いません．また，相手のリグやアンテナなど交信時に聞いたいろいろなことも書いておきましょう．

- **電子ログについて**

ハムログに代表されるパソコンを使った電子ログも，記録内容は紙ログと同じです．前述の説明を参考にしてください．

電子ログには，優れた検索機能とQTHなどの入力補助機能，そして，QSLカードの印刷機能などもあるのでとても便利です．このようなことから利用者が年々増加しています．

ただし，電子ログには，誤った操作やハードディスクのクラッシュが原因で，すべての交信データを一瞬で失ってしまう恐れがあります．このような悲劇を起こさないためにも，こまめなバックアップを行うようにしてください．

4-6　自信を持って交信しよう

初めての交信の時はマイクを持つ手が震え，汗びっしょりになってしまうことでしょう．どんなベテランハムでも同じような経験をしています．皆さんも勇気をもってどんどん交信してください．先輩ハムたちは，ビギナーに対して親切な人ばかりです．わからないことはどんどん質問しましょう．

アマチュア無線の交信は，その数を重ねることによって上手くなっていきます．これはスポーツや楽器と同じで，向上心を持って練習を重ねれば必ず上達します．初めはぎこちなかった交信も，交信回数を重ねることによって，滑らかになることでしょう．

COLUMN　CQ フィフティーン・メーター

　アマチュア無線では，CQを出すときに「CQフィフティーン・メーター」というように，現在運用中の周波数の波長を言いますね．これはなぜでしょうか？　それは以下のような理由からです．

　昔は今のようにトランシーバの性能が良くありませんでした．そのため送信すると高調波も一緒に発射されていたのです．つまり7MHzで送信した電波が，21MHzでも聞こえていたりしたのです．この7MHzでのCQに21MHzで応答することがないように，現在運用中の周波数をアナウンスする必要がありました．

　現在ではこのような必要はありませんが，そのころの習慣が現在でも残っているようですね．

　参考に各アマチュアバンドの波長での呼び方を**表4-A**に示します．交信時にもよく使われるので覚えておきましょう．

表4-A　各アマチュアバンドの波長での呼び方

周波数帯	波長での呼び方
135 kHz 帯	2200 m バンド
475 kHz 帯	630 m バンド
1.8/1.9 MHz 帯	160 m バンド
3.5 MHz 帯	80 m バンド
3.8 MHz 帯	75 m バンド
7 MHz 帯	40 m バンド
10 MHz 帯	30 m バンド
14 MHz 帯	20 m バンド
18 MHz 帯	17 m バンド
21 MHz 帯	15 m バンド
24 MHz 帯	12 m バンド
28 MHz 帯	10 m バンド
50 MHz 帯	6 m バンド
144 MHz 帯	2 m バンド
430 MHz 帯	70 cm バンド

※ 1200 MHz 帯以上のバンドを波長で呼ぶことは少ない

第05章 交信後のさらなる楽しみ
QSLカードを交換しましょう

JR3QHQ　田中 透 *Toru Tanaka*

　QSLカードは交信相手から届く便りといってもいいかもしれません．心を込めたQSLカードを送ってみませんか．

5-1　QSLカードとは

　もう皆さんご存じのように，アマチュア無線は，日本国中どころか世界中と交信できます．お互いが交信したことを証明し合うアイテムが「交信証明書・QSLカード」です（**写真5-1**）．これは，昔からの慣例です．
　このQSLカードは，お互いが交信したことを証明する立派な証明書なので，アマチュア無線家にとって，とても大事なものです．いわば，そのアマチュア無線家の宝のようなものです．交信したら，できるだけQSLカードを交換しましょう．

5-2　QSLカードに書かれている内容の意味

　QSLカードに記載されている内容はどんなものなのでしょうか．筆者のQSLカード（**図5-1**）をもとに説明しましょう．

写真5-1
QSLカードの例
JA2YRLのQSLカード．

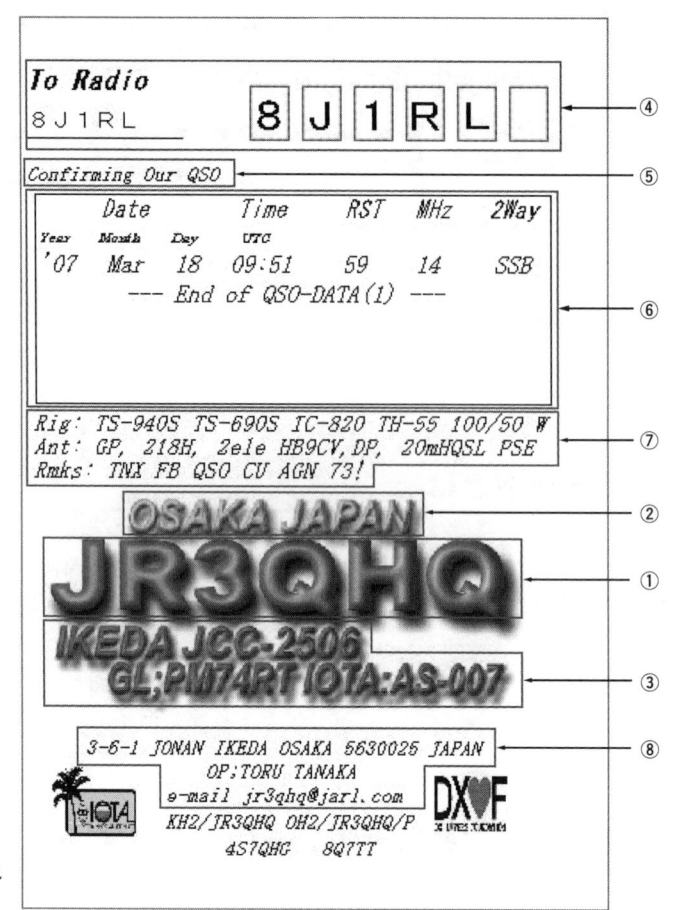

図5-1
QSLカードに書かれ
ている内容の意味

① このQSLカードを発行する局のコールサイン．
② 国籍，運用地である「OSAKA JAPAN」．
　これらは海外の局でもわかるように，英語で国名と運用地の都道府県を表記しています．
③ 運用地に関するさまざまなデータ．
　「JCC-2506 IKEDA City」これは，運用地の市名とJCCナンバーです．JCCナンバーは，日本のすべての市に付けられている個別のナンバーで，同じように区ナンバーや郡ナンバー（JCG）もあります．
　「GL：PM74RT」これは，グリッド・ロケーターです．グリッド・ロケーターとは，世界地図を緯度と経度で細かく区切って，それぞれに番号を振ったものです．筆者のQTHなら，「PM74RT」となります．グリッド・ロケーターとJCC/JCGナンバーについては巻末の資料をご覧ください．
　「IOTA：AS-007」これはIOTA（アイオタ）ナンバーです．IOTAナンバーは，RSGB（イギリスのアマチュア無線連盟）が発行している「ISLAND ON THE AIR（IOTA）」というアワードを申請するときに使うナンバーです．世界中の島にIOTAナンバーが割り当てられています．日本の大まかなIOTAナンバーは，本州「AS-007」，九州「AS-077」，四国「AS-076」，北海道「AS-078」，沖縄「AS-041」のようになります．

JCC/JCGナンバーやIOTAナンバー，それにグリッド・ロケーターなどは，アワードに使用するので，QSLカードに明記しておくと相手に喜ばれます．

④ [To Radio] ここには，このQSLカードを受け取る局のコールサインが書かれています．右の六つ（八つのものもある）の四角は，JARLにQSLカードを送る場合に相手のコールサインを記入するためのものです．

⑤ [CONFIRMING OUR QSO]「私たちが交信したことを証明します」という意味です．

⑥ この項はデータ欄です．交信時のデータが書かれているので，注意して確認しましょう．

[Date] …交信日が記入されています．

[Time] …交信時間の記入欄です．JST（日本標準時）とUTC（協定世界時）の二つがあります．国内交信はJST，海外交信はUTCというように使い分けます．UTCはJSTのマイナス9時間です．

[RST] …シグナル・レポートの記入欄です．これは了解度「R」と信号強度「S」です．また，「T」は，CWやRTTY，PSKでの交信時に追加されるものでトーン（音調）を意味します．SSB，AM，FMの最高RSTは「59」で，CW，RTTY，PSKの場合は「599」となります．なお，SSTVの場合はRSVになります．「V」はビジュアルのVです．SSTVでの最高は「595」です．

[MHz] …交信した周波数を記入する欄です．[MHz]の代わりに[BAND]と書かれているQSLカードもあります．

[2way] …交信時に使用したモードが書かれています．[MODE]と書かれている場合もあります．「2Way」を直訳すると「二つの道」となり，これは「この欄に書かれているモードでお互いに交信した」という意味です．

⑦ [Rig, Ant] には，そのとき使った無線機や出力，アンテナなどが記入されています．

「PSE QSL」はQSLカードの交換をお願いしますという意味です．すでに相手局からQSLカードが届いている場合は，「TNX QSL」と書きます．

[Rmks] 交信した相手からのメッセージなどが書かれています．「TNX FB QSO CU ANG 73!」は「素晴らしい交信ありがとうございました．またお会いしましょう．さようなら」という意味です．

⑧ 運用者の住所，名前，メール・アドレスです．

5-3　QSLカードの製作

QSLカードに書かれている内容がわかったら，早速，自分のQSLカードを作ってみましょう．通常，QSLカードの大きさは葉書大です．JARL経由でQSLカードを送る場合はサイズが決められていますが，葉書大なら大丈夫です．

もっとも簡単な方法は，ハムショップで販売されているデザインずみのQSLカード用紙に自分のコールサインや住所など，必要事項を記入することでしょう．もちろん，手書きでもOKです．

QSLカードを作るには，QSLカード製作会社に注文するのが一番良い方法でしょう．CQ ham radio誌やJARL NEWSの広告ページにQSLカード製作会社の広告が掲載されています．美しい仕上がりのQSLカードを作ってくれる会社，コストパフォーマンスをうたい文句にしている会社などさまざまです．一度，検討してみてください．

最近は，コンピュータを使って，QSLカードを自作する人も増えています．QSLカード製作ソフトウェアのほかにも，ワードやエクセル，さらには年賀状ソフトウェアなどを使用する人もいるようです．また，ハムログ（交信データ管理用のソフトウェア）のQSLカード印刷機能を使ってカードを作る方法もあります．**図5-1**から**図5-4**のQSLカードもハムログで作ったものです．
　自分のコールサインを記す面は，写真を入れてもどんなデザインでもOKです．自分でいろいろ考えてデザインを決めてください．すべて手書きでも構いません．**図5-1**や説明文を参考にして，自分のコールサインやJCCナンバーなど，必要な情報を載せてください．

5-4　QSLカードの書き方

　できあがったQSLカードに記入するのは，交信相手のコールサインとデータ欄，コメント，移動運用の場合は移動地名です．QSLカードは，海外の局にも発行するので，基本的には英語が望ましいでしょう．
　それでは，QSLカードの書き方を**図5-2**を見ながら説明しましょう．
① ［To Radio］ここに交信相手のコールサインを書きます．右の四角の中にもコールサインを書きましょう．
② 交信データです．
　　［DATE］交信年月日を記入します．ここで注意が必要です．年は「平成」などの元号ではなく，西暦で記入しましょう．月は数字でも，または英語の略語でもOKです．例えば，Apr., May, Jun.などです．
　　［TIME］交信時間の記入にも，注意が必要です．国内の交信にはJST，海外との交信にはUTCを使いましょう．また，ある局と1時間おしゃべりしても，QSLカードには交信開始時間を記入するだけでOKです．
　　交信中に「スターティング・タイムは，○○時○○分でお願いします」と言う人がたまにいます．しかし，交信時間に2～3分の誤差があっても問題はありません．

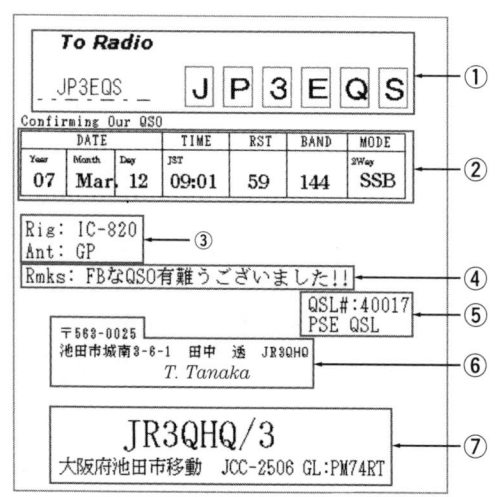

図5-2
QSLカードの書き方の説明

［RST］こちらから相手に送ったシグナル・レポートを記入します．
　　［BAND］ここには，交信した周波数を記入しますが，いろいろな書き方があります．例えば，正確に「144.185 MHz」と書く人や「144 MHz」と頭の周波数だけを書く人，あるいはHF帯では21 MHzのことを「15 m」と波長で記入する人など，実にさまざまです．筆者は単に「144 MHz」と記入しています．どれを使っても構いません．
　　［MODE］SSB，AM，FMというように記入しましょう．A3j，A3，F3という電波型式で記入する人もいます．しかし，最近は電波型式が細かく分類され，名称も変更されているのでSSB，AM，FMのように記入することをお勧めします．
　　ここで注意点を一つ．免許状の電波型式の欄には「4 HA，4 VA，4 VF」などと記載されています．これは一括記載コードといわれるもので，電波型式ではありません．最近届いたQSLカードの中に，この一括記載コードが書かれているものがありました．間違えないように注意してください．
③ ［Rig, Ant］交信時に使った無線機やアンテナなどを記入します．
④ ［Rmks］交信した相手へのメッセージなどを記入します．
⑤ 「QSL#40012」これはQSLカードの発行番号です．相手からのQSLカードが届いていなければ「PSE QSL」，届いていれば「TNX QSL」と書きます．
⑥ 下の空いたスペースに自分の住所・名前を書いてください．海外局にQSLカードを出す場合は，英語で書きましょう．E-Mailアドレスを書いてもいいでしょう．QSLカードは証明書なので，簡単でも自筆のサインを入れることをお勧めします．
⑦ 皆さんが，山などへ移動運用した場合は，その運用地を記入してください．もちろん，手書きでOKです．たとえば大阪府池田市の五月山で運用した場合，コールサインは「JR3QHQ/3」です．そして空きスペースに，「大阪府池田市移動JCC#2506」と記入すればよいでしょう．もしグリッド・ロケーターがわかるなら，それも記入しておくと，QSLカードをもらった相手は喜びます．これは，日本の局にQSLカードを出す場合で，移動先で海外の局と交信した場合は「JR3QHQ/3」のみでもOKです．

QSLカードの書き方については，「JARL Web」でも詳しく説明されています．一度こちらもご覧ください．
　　http://www.jarl.org/Japanese/5_Nyukai/qsl_card.htm

5-5　SWLから届くカード

たまに，QSLカード以外のカードが手元に届くことがあります．ここではそんなカードについて説明します．

5-5-1　SWLカードとは

さて，自分のQSLカードの書き方はある程度理解できたと思います．交信局数が増えると，なんだかよくわからないコールサインが書かれたカードが届くことがあります．例えば，「JA3-35500」などという数字が書いてあるカードです（図5-3）．

これは，SWL「Short Wave Listener/ショート・ウエーブ・リスナー」カードと言って，私たちアマチュア無線家の交信を聞いて楽しむという趣味を持つ人から届く受信報告書です．この報告書には交信

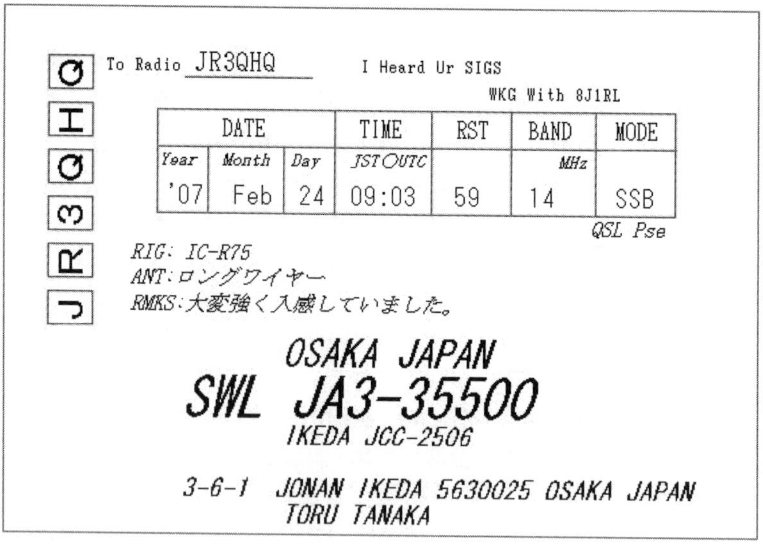

図5-3
SWLカードの例

相手のコールサインが記入されています．また，CQを出しているところを受信している場合もあります．このカードが手元に届いたら，自分のログ・ブックで交信データを確認しましょう．

「JA3-35500」はSWLナンバーで，JARLが准員（まだアマチュア無線の免許を持っていない人やSWLを趣味にしている方）に発行しているナンバーです．SWLを趣味にしている方が，世界にはたくさんいます．このSWLカードにも自分のQSLカードを発行してください．この場合，通常のQSLカードの書き方と少し違ってきます．

■ 5-5-2 SWLへのカードの書き方

では，SWLへ送るカードの書き方を，例を挙げて説明しましょう（図5-4）．これは，SWLのJA3-35500が受信したJR3QHQと8J1RL（南極・昭和基地）との交信に対する受信報告に対し，内容が正しい旨を証明するQSLカードです．

① 手書きでも構わないので，「To Radio」を「To SWL」と書き直します．そして，「JA3-35500」と，SWLナンバーを記入します．海外からSWLカードが来た場合は，そのSWLカードに書いてあるSWLナンバーを記入します．

② 「Confirming Our QSO」は，日本語で「私たちの交信を確認しました」という意味です．だからSWLカードの場合は，ここを「Confirming ur RPT」と書き直します．これは「あなたの受信レポートを確認した」という意味です．

③ ［DATE］，［UTC］，［MHz］は変更ありません．［MODE］の2Wayは消してください．［RST］は線を引いて削除します．SWLとは交信していないので，記入する必要がないからです．

④ 通常のQSLカードとの違いは，交信相手のコールサインを記入する必要があることです．この場合は，Rmksの欄か余白にWKDと書き，相手のコールサインを記入します．WKDは交信という意味の略字です．

　もし，CQを出しているところへの受信報告書がきたら，「CLD」と書きCQと記入しましょう．CLDは呼び出しという意味の略字です．

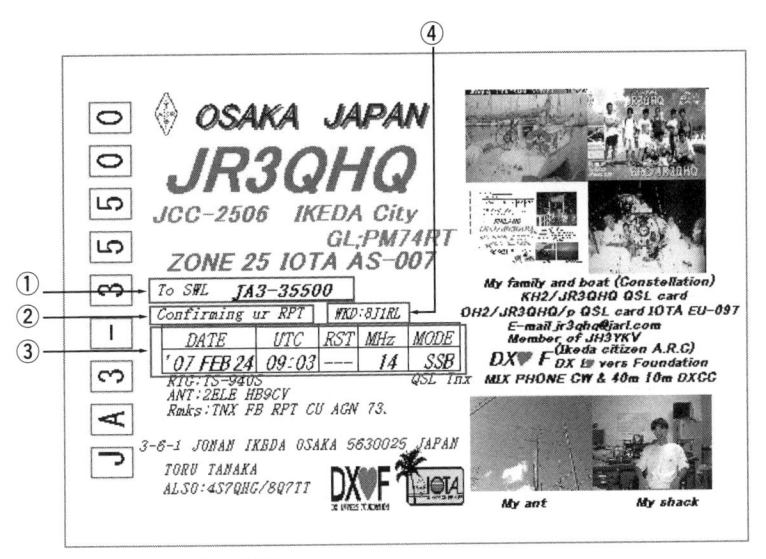

図5-4 SWLへのカードの書き方

以上のような内容が記入されていれば，カードをSWLへ送れます．

5-6 QSLカードの送り方

さて，ここまできました．後は，QSLカードやSWLカードを相手に届けるだけです．では，どのようにして相手に届ければよいのでしょうか？

5-6-1 QSLビューローを経由してQSLカードを送る

●QSLビューローのしくみ

多くのカードを郵便で送るとなれば，切手代だけでも多額です．また相手の住所を調べるのも大変な作業です．そこで，QSLカードを安く簡単に送り届けるために，QSLビューロー（略してビューローと呼ぶ）というシステムが日本を含めた世界の国々にあります．日本の場合，JARLがそのビューローになります．

ビューローの利用はJARL会員に限られます．会員になり，QSLカードをまとめてJARLに送ると，仕分けをして国内外のアマチュア無線家に送ってくれます．当然ながら，自局あてのQSLカードもそれぞれの交信相手からJARLに届きます．これが一つにまとめられて，手元に届くのです．国内外の多くのアマチュア無線家がこのビューローの会員になり，QSLカードの交換を行っています．JARLの会員になって，たくさんの人とQSLカードを交換しましょう．

●ビューローへQSLカードを送る方法

ビューローには日本国内をはじめとし，海外からも多くのQSLカードが届きます．ビューローはこのQSLカードを1枚1枚手作業で仕分けしているのです．効率良く仕分けを行うために，ルールが決められています．以下の点を守ってください．

表5-1 QSLカードを並べる順番

コール・エリア	並べる順番
1エリア（JD1を含む）	JA1の二文字コールサイン，JA1, JD1, JE1, JF1, JG1, JH1, JI1, JJ1, JK1, JL1, JM1, JN1, JO1, JP1, JQ1, JR1, JS1
2エリア	JA2の二文字コールサイン，JA2, JE2, JF2, JG2, JH2, JI2, JJ2, JK2, JL2, JM2, JN2, JO2, JP2, JQ2, JR2, JS2
3エリア	JA3の二文字コールサイン，JA3, JE3, JF3, JG3, JH3, JI3, JJ3, JK3, JL3, JM3, JN3, JO3, JP3, JQ3, JR3, JS3
4エリア	JA4の二文字コールサイン，JA4, JE4, JF4, JG4, JH4, JI4, JJ4, JK4, JL4, JM4, JN4, JO4, JR4
5エリア	JA5の二文字コールサイン，JA5, JE5, JF5, JG5, JH5, JI5, JJ5, JR5
6エリア JR6，JS6（沖縄）	JA6の二文字コールサイン，JA6, JE6, JF6, JG6, JH6, JI6, JJ6, JK6, JL6, JM6, JN6, JO6, JP6, JQ6, JR6, JS6
7エリア	JA7の二文字コールサイン，JA7, JE7, JF7, JG7, JH7, JI7, JJ7, JK7, JL7, JM7, JN7, JO7, JP7, JQ7, JR7
8エリア	JA8の二文字コールサイン，JA8, JE8, JF8, JG8, JH8, JI8, JJ8, JK8, JL8, JM8, JR8
9エリア	JA9の二文字コールサイン，JA9, JE9, JF9, JH9, JR9
0エリア	JA0の二文字コールサイン，JA0, JE0, JF0, JG0, JH0, JI0, JJ0, JR0
7J	7J1, 7J2, 7J3, 7J4, 7J5, 7J6, 7J7, 7J8, 7J9, 7J0
1エリアの7で始まるコールサイン	7K1, 7K2, 7K3, 7K4, 7L1, 7L2, 7L3, 7L4, 7M1, 7M2, 7M3, 7M4, 7N1, 7N2, 7N3, 7N4
特別コールサイン	8J1, 8J2, 8J3, 8J4, 8J5, 8J6, 8J7, 8J8, 8J9, 8J0, 8N1, 8N2, 8N3, 8N4, 8N5, 8N6, 8N7, 8N8, 8N9, 8N0

① QSLカードの大きさは約14 cm×9 cm，重さは1枚2～4 g．市販されている葉書用紙やQSLカード用紙を使っていれば問題ありません．

② 転送先のコールサインは，読みやすい字ではっきり書きましょう．特に「D, O, P」と「V, U」は判別しにくいことが多いので注意しましょう．

③ 転送先のコールサインは，カードの右上にある枠（転送枠）の中に書いてください．枠がない用紙を使う場合は印刷時に枠を追加してください．追加できない場合は，枠の位置に必ず転送先のコールサインを書いておいてください．

④ QSLカードをビューローに送るときは，決められた順番に並べる必要があります．先ほども少し触れたように，皆さんから届いたQSLカードは，手作業で会員ごとに分けられます．何万人もいる会員1人1人に分けるのですから，その作業量は膨大です．その負担を少しでも軽減するために，必ずQSLカードは決められた順番に並べてから発送してください．

　表5-1にQSLカードを並べる順番を示します．1エリアであればJA1AAを一番上にしてJA1ZZまで，さらにJA1AAA～ZZZ, JD1AAA～…というように重ねていきます．1エリアが終わったら，次は2エリア，そして3エリアと，順番にこの通りに並べます．表5-1の1エリアから特別コールサインまでの並べ替えが終了したら，1エリアを一番上にして，以後特別コールサイン（ただし特別コールサインの局は，こちらからQSLカードを送らなくてもよい局が多い）まで順番に重ねます．

　以上の点に注意してQSLカードをまとめたら，ビューローへ送ります．ビューローへは**写真5-2**のような市販の専用封筒を使うと住所を書く手間が省けますが，通常の封筒を使用しても構いません．また，宅配便で送っても構いません．JARL QSLビューローの住所は次の通りです．

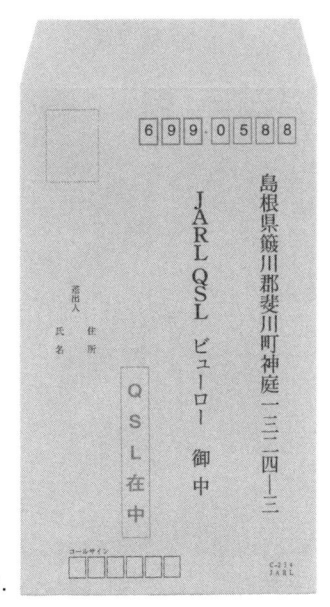

写真5-2
市販されているQSLカード
発送用の封筒
この封筒を使うと手間が省ける．

〒699-0588　島根県出雲市斐川町神庭1324-3
JARL QSLビューロー 係

　QSLカードをビューローへ届けるのに郵送以外の方法もあります．各地のハムショップの中には，QSLカードをビューローへ送るサービスを行っている店もあります．また，東京で行われるハムフェア，各地で行われるハムフェスティバルやハムの集いなどのイベント開催時にもQSLカードの転送を受け付けるサービスが行われています．なお，東京都豊島区にあるJARL事務局でもQSLカードを受け取ってもらえます．これらのサービスをうまく利用して，ビューローにQSLカードを送りましょう．

● ビューロー経由は気長に待ってください

　さて，QSLカードの送り方ですが，ビューロー以外で多くの人が使っている方法があります．それは，相手に郵便で直接送ることです．「なぁんだ，それだったら切手代だけでも多額の費用になるって書いてあるのに」と思われるでしょう．これには理由があります．とても便利なビューローなのですが，残念ながらQSLカードが手元に届くまでに数か月もかかるのです．

　ビューローは，交信相手に直接QSLカードが送られるのではなく，いくつもの場所を経由して届きます．また，相手から来るQSLカードも同じ方法で来るわけですから，相当な時間がかかるのも無理はありません．

　JARL QSLビューローでは，2か月に1度の割合で会員へQSLカードを発送しています．ビューローへQSLカードを送るタイミングによっては，これだけでも2か月かかってしまいます．これらのことを考えると，日本の局では早くても3か月から半年，海外なら何年もかかる場合すらあります．

　急がないQSLカードの場合は問題ありませんが，アワードなどの申請に必要なQSLカードや，早く欲しいと思うカードは，郵便で相手に送るのがやはり一番早いということです．

　ビューロー経由と郵便による方法を，うまく使い分けて使用するのがよいでしょう．そしてビューロー経由の場合は気長に待ちましょう．

5-6-2　SASEでQSLカードを送る方法

● SASEについて

　早く手に入れたいQSLカードは郵便で送ると説明しましたが，この場合，相手に負担をかけない方法でQSLカードを送りましょう．

　交信してQSLカードの交換を約束しました．自分はこの局のカードが早く欲しいので郵便でQSLカードを送っても，相手はそんなに早く必要としていないかもしれません．こちらが郵送で送ったのに，相手はビューロー経由でQSLカードを送ってくるかもしれません．結局時間がかかってしまう上，相手が機転を利かせて郵便で送ってくれても，切手代を相手に負担させてしまうことになります．

　そこで，こんなときはSASE（サセ，self-addressed stamped envelope）という方法を使います．自分の住所を書いた返信用封筒に切手を貼り，自分のQSLカードと一緒に交信相手へ送ればよいのです．

　これなら相手に大きな負担を掛けずに，必要なQSLカードを送ってもらえます．何よりもこの方法だと返信率も上がります．

● 海外へSASEを送る方法

　国内の局なら返信用封筒に84円切手を貼って送ればよいのですが，海外の局の場合はどうすればよいのでしょう．相手の国の切手を手に入れるのは難しいですね．しかし心配無用です．そのような場合のために便利なものがあります．それは国際返信切手券（International Reply Coupon）です（写真5-3）．

　これは国同士が取り決めをした，国際的な切手です．無線家の間では，これをIRCと呼んでいます．このIRCの大きさは葉書とほぼ同じサイズ（約10 cm×15 cm）なので，切手のように封筒へは貼れません．QSLカードと一緒の封筒に入れて送ります．IRCは，ほとんどの国で航空郵便と同等の切手に交換可能なので，相手に負担を掛けることはありません．

　IRCは郵便局（特定郵便局以外）で入手できます．1枚150円です．けれども，窓口で「IRCをください」とは言わずに，「国際返信切手券をください」と言いましょう．郵便局にはIRCでは通じないのです．

　もう一つ返信用切手の代わりをするものがあります．それは，アメリカの1ドル紙幣です．ドルは国際通貨になっているので，このドルをIRCの代わりにするのです．アマチュア無線家の間では1ドル紙幣の

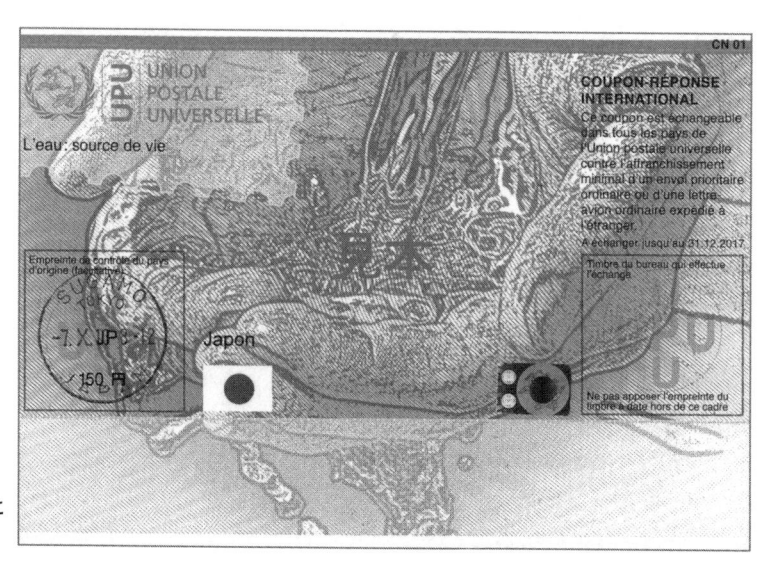

写真5-3
海外への返信用切手の代わりに使用する国際返信切手券（IRC）

ことをグリーン・スタンプ(GS)とも呼んでいます.

ただし，1ドル紙幣の送付はお勧めできません．法律違反である上，国によっては封筒から紙幣を抜かれる恐れもあります．

図5-5 エアメールの往信用封筒の書き方

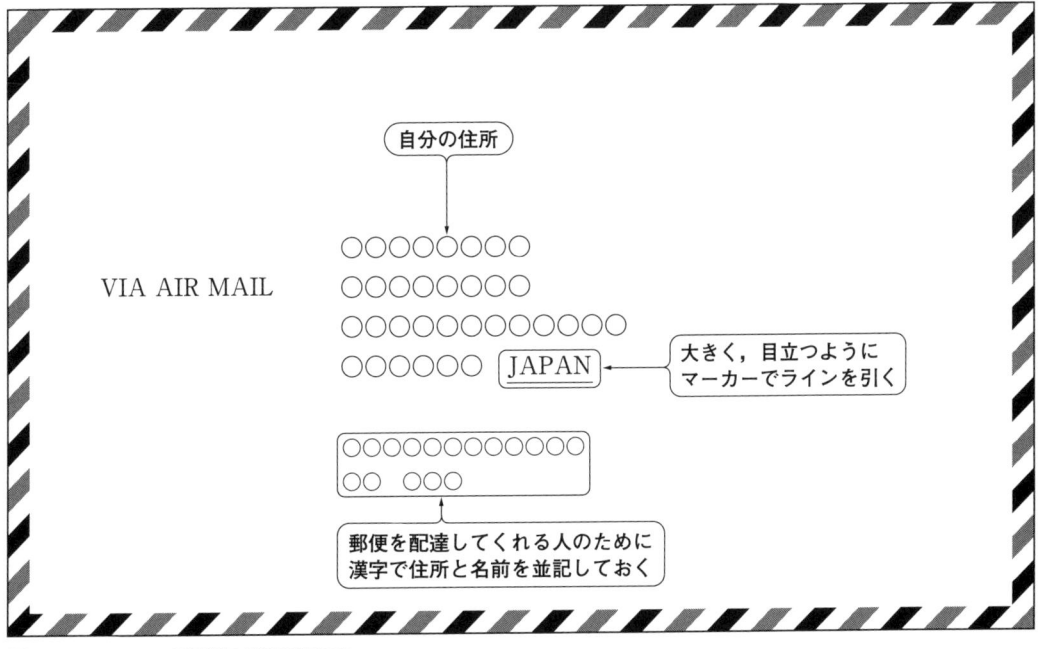

- 自分の住所と名前，コールサインを左上に書く
- DX局の住所
- VIA AIR MAIL
- Mlaysia　マレーシア
- 相手の国名をはっきり書き，マーカーでラインを引く　カタカナを並記しておくとさらに良い
- 切手

図5-6 エアメールの返信用封筒の書き方

- 自分の住所
- VIA AIR MAIL
- JAPAN
- 大きく，目立つようにマーカーでラインを引く
- 郵便を配達してくれる人のために漢字で住所と名前を並記しておく

しかし，国によってはIRCが使えなかったり，返信用の切手として相手局からドルを送れという指示があることもあります．

このようなことを考慮し，基本的にSASEにはIRCを同封し，やむを得ない場合のみグリーン・スタンプにしましょう．

● エアメールの出し方

海外へSASEでQSLカードを送る場合，航空郵便を使います．この場合の封筒の書き方を図5-5で説明します．特にポイントとなるのは，相手の国名です．ここをはっきり書かないと，とんでもないところに送られてしまいます．そこで，この部分はカタカナも併せて書いておきましょう．これで間違いなく相手国行きの便に乗せてもらえます．

同じように，返信用封筒も日本行きということをアピールしておきましょう．図5-6を見てください．「JAPAN」を大きく書いてマーカーで印を付けておきます．これで間違いなく日本行きの便に乗せてくれるはずです．また，自分の住所は日本語で書いても構いません．日本に到着した後，家まで配達してくれるのは日本人ですから，hi．

5-7　QSLマネージャーについて

5-7-1　QSLマネージャーとは

日本の局同士で交信した場合，交信した本人以外にQSLカードを送るというケースはほとんどありません．けれども，海外の局と交信した場合，QSLマネージャーと呼ばれる人にQSLカードを送るというケースがたくさんあります．QSLマネージャーとは，交信した本人に代わってQSLカードの受け取りと発行を行う人のことです．

特にDXペディションの局（普段アマチュア無線が運用されていない場所へ行き世界中と交信する局）の場合，ほとんどがQSLマネージャーへQSLカードを送ることになります．また，無線を運用している国にQSLビューローが存在しないとか，自分の国以外で無線を運用したときなどにもこのQSLマネージャーを使うことがあります．QSLマネージャーのほとんどがボランティアなので，「マネージャーをやってやろう」という無線愛好家の友人がいるかいないかで，その存在が決まるわけです．

自分の国以外で無線をした場合，QSLマネージャーとしてホーム・コールサイン（自分の母国のコールサイン）をアナウンスする場合が多いのです．このケースでは本人がQSLカードを発行することになりますが，このような場合もQSLマネージャーといいます．

筆者もよく海外で無線を運用するので，その際のQSLマネージャーは，JR3QHQとアナウンスしています．

5-7-2　QSLマネージャー情報の入手先

次に，このQSLマネージャーの情報をどのようにして入手するかについて説明しましょう．

① 交信中にQSLマネージャーのアナウンスを聞く

　交信中に，DX局がQSLマネージャーについてのアナウンスをするときがあります．最初は難しいかもしれませんが，聞き取れるように頑張りましょう．

② インターネットで探す

　DX局情報で有名なWebページは「QRZ.COM」（**http://www.qrz.com/**）です．そのほか，各種の検索

表5-2 QSLマネージャーの検索に役立つWebページ

海外局の住所検索やQSLマネージャー検索に役に立つWebページ	
QRZ.COM	http://www.qrz.com/qsl.html
HamCall.net	http://hamcall.net/call
IK3QAR.it	http://www.ik3qar.it/manager/
DXペディションの情報やQSLマネージャー検索に役に立つWebページ	
425 DX NEWS	http://www.425dxn.org/425/indbulle.html

サイトに直接コールサインを入力すると，その局のWebページが見つかるケースが多いようです．そのページの中の「QSL INFOMATION」や「QSL MANAGER」と書かれたところにQSLマネージャーの情報があります．**表5-2**はQSLマネージャーを探すときに役立つWebページです．まず，ここで探してみましょう．

③ CQ ham radio誌などの雑誌で入手する

CQ ham radio誌にある海外DX情報のDX WorldかQSL informationにQSLマネージャー情報が掲載されています．

④ 友人に聞く

自分の周りにDXを楽しんでいるアマチュア無線家がいれば，その人に聞くのもよい方法でしょう．

ほかにも入手方法はありますが，おおむね上記の四つの方法がポピュラーでしょう．

■ 5-7-3　QSLマネージャーへQSLカードを送る

次に，QSLマネージャーへ自分のQSLカードを送る方法を紹介しましょう．

ビューロー経由でQSLカードで送る場合は，JARL指定の赤枠の上に「VIR」（経由という意味）と書き，赤枠の中に必ずQSLマネージャーのコールサインを記入します（**図5-7**）．To Radioの欄には，交信した相手のコールサインを記入してください．間違ってQSLマネージャーのコールサインを書かないでくださいね．

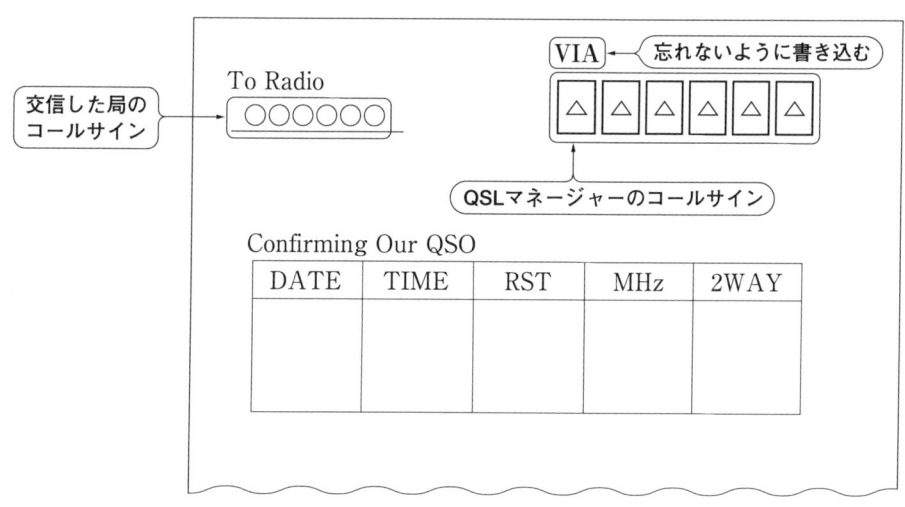

図5-7 QSLマネージャーに送るQSLカードの書き方

郵便で送る場合は，まずQSLマネージャーの住所を入手するところから始めます．先ほど説明した方法の中の交信による方法では無理ですが，残り三つの方法でなら住所を入手できます．住所が入手できたら，SASEでQSLカードを送ればOKです．

5-8　QSLカードの交換を楽しんでください

　QSLカードについて簡単に説明しました．おわかりいただけたでしょうか？ アマチュア無線では身近なQSLカードですが，ベテランであっても案外知らないことがあるのではないかと思います．

　交信のときに伝えられなかったことも，QSLカードを使えば伝えられます．そこで，ただ単にデータ面を印刷するだけでなく，一言書き添えることを心がけましょう．そうすれば心が込もったQSLカードになると思います．

　QSLカードの交換も，交信と同じようにアマチュア無線の楽しみの一つです．ぜひ多くの方とQSLカードの交換を楽しんでください．

第06章

自宅を離れて無線を楽しみませんか

移動運用に出かけよう

JL3JRY　屋田 純喜 *Junki Okuda*

「移動運用」とは，自宅を飛び出して海や山に出かけ，アマチュア無線を運用する，アマチュア無線の楽しみ方の一つです．見晴らしの良い場所での運用は，思いがけないほどたくさんの局から呼ばれる「パイルアップ」を経験できます．そして，何よりも自然の中での移動運用は気分爽快です．山や海などの自然が大好きなアウトドア派のあなたに，新たな楽しみの一つとして，さらに世界を広げてくれるかもしれません．

■ 6-1　アンテナを持ってフィールドに飛び出そう

遠く離れた局との交信を夢に見て，やっと手にしたアマチュア無線の免許．いざ開局しようと自宅へアンテナ設置の構想を考え始めると，あれっ，こんなにアンテナって大きかったの！ 屋根の上やタワーに上がっているアンテナは，下から見ると不思議と小さく感じます．実際に自宅への設置を考えたものの，敷地の問題や家族からの反対で断念した，そんな残念な話を耳にすることがあります．

しかし，せっかく苦労して合格したライセンスをここであきらめてはもったいなくありませんか．そこで，アマチュア無線の楽しみの一つ「移動運用」を紹介します．

■ 6-1-1　移動運用のスタイルについて

移動運用を楽しんでいる人の運用スタイルは，ハンディ機で楽しまれる方から本格的な設備までさまざまです．移動運用といっても何も難しいことはなく，ハンディ機を1台フィールドに持ち出しさえすれば，そこはもう移動運用の世界なのです．そして，せっかくの野外での移動運用，「単に無線を楽しむだけではもったいない！」と，登山・キャンプ・釣り・天体観測などほかのレジャーと同時に楽しんでいる人もいます．

自宅では何かと制限があるアンテナですが，野外では固定局にも負けないアンテナの設営が可能です．しかし，移動運用ビギナーがいきなり大がかりな設備で運用するのは何かと大変です．あなたに合った移動運用スタイルを探すことから移動運用は始まります．一言で移動運用といっても，楽しみ方はさまざまです．以下の中から自分に合ったスタイルを探してみましょう．

● ハンディ機1台で手軽に移動運用

近くの友達と連絡を取り合うために購入したハンディ機が1台．しかし，あまり使わずに，しまってある人も多いのでは．そんなハンディ機を，一度フィールドに持って出かけませんか？ 見晴らしの良い所ならダイヤルをどこに回しても聞こえてくる多くの局に，「えっ，付属のホイップ・アンテナなのに！」ときっと驚くはずです．ハンディ機は，もう単なる連絡手段の道具ではなく，立派な移動運用の友とし

写真6-1　ハンディ機1台で超お手軽移動運用
見晴らしの良い場所に行けば驚くほどたくさんの交信が聞こえてくる．

写真6-2　ハイキングの途中でちょっとしたアンテナを立てての移動運用
外部アンテナを使うと交信距離は大きく伸びるはず．

写真6-3　普段のモービル局から7MHzを運用中
家では運用が難しいHF帯も，モービルからなら手軽に運用できる．

て活躍してくれるはずです(**写真6-1**)．

● **山に登って無線を楽しもう**

　最近ブームのものに低山ハイキングがあります．大都市近郊のハイキング・コースではハイカーによる渋滞ができるほどです．そんなハイキングに移動運用の楽しみをプラスしてはいかがでしょう．さほど標高がなくても，山頂から運用すると驚くほど多くの局から呼ばれることがあります．もちろん，徒歩のハイキングに移動運用用の重装備では疲れます．ダイポールやヘンテナなど，自作もできる軽量のアンテナをリュックサックに入れ，登山ストックの代わりに伸縮ポールを持って山を登れば，週末ハイキングも楽しさが倍増するでしょう(**写真6-2**)．

● **普段のモービル局で楽しむ移動運用**

　日曜日のお出かけや通勤に使うマイカー．格好の良さに憧れてモービル・アンテナを付けてはみたものの，最近あまり使っていないあなた．見晴らしの良い屋上駐車場などから一度CQを出してみませんか．こんなに遠くと交信できるんだ！　そんな新たな発見があるかもしれませんよ．

　またマイカーに設置している無線機がV/UHF帯機なら，一度HF帯の無線機を取り付けてみませんか．アンテナは，V/UHF帯とあまり長さの変わらない，市販のHFモービル・アンテナに取り替えればOKです．HFモービル・アンテナはアースが必要になりますが，市販のマグネット・アース・シートを使えば簡単にアースが確保できます．同じような長さのアンテナでも，聞こえてくる局のエリアが違うので新鮮です．

　モービル局は，ちょっとした工夫で固定局にも負けない立派な運用システムになります．コンディションしだいで海外交信も十分可能ですよ(**写真6-3**)．

● **ちょっと本格的にアンテナを立ててみよう**

　お手軽移動に慣れてきたなら，本格的に移動運用アンテナを立ててみましょう．しっかりしたポールが設営できるようになれば，さまざまなアンテナの設営ができるようになります．最近一般的なアンテナ基礎部の固定方法は，「タイヤ・ベース」と呼ばれる，ポール用の基台をタイヤで踏みつけて固定する

写真6-4 固定局並みの本格的なアンテナを設置しての運用
マルチバンドでアンテナを設置できればさらに楽しみが広がる．

写真6-5 移動運用のために作り上げたワゴン車
ルーフには衛星通信用のアンテナが設置できる．

ものです．アンテナ・ポールは，その長さ約5mから12mを越えるものまで専用のものが市販されています．使い慣れてくれば，HF帯用の八木アンテナを10mを越える高さに1人で設営可能です（なかにはローテータを付けてアンテナを回転させる人も）．

最高のロケーションで，かつ高いポールで本格的に運用すればアマチュア無線のさらなる楽しみを見つけられますよ（**写真6-4**）．

● 固定局も顔負け　マニア向け本格的移動運用

移動運用を楽しんでいる方の中には，テーマを決めて移動運用に熱中している人がいます．

例えば，V/UHFバンド専門に異常伝搬と呼ばれるスキャッターやラジオ・ダクト，わずかなシグナルを追いかけて超DXの交信達成を目指している人．移動運用でEME（月面反射通信）や衛星通信を目指している人．全国各地で開催される地方コンテストに，開催地まで出かけて入賞を目指している人．その運用スタイルに合わせるため，車のルーフラックを改造して固定局もビックリするような本格的設備で運用している局もあります．

多くのHAMが移動運用にはまってしまうのは，フィールドには自宅ではなかなかできない運用を可能にしてくれる，「夢の実現」という楽しみがあるからです（**写真6-5**）．

6-2　移動運用には何を準備すればいいの？

ハンディ機だけ，あるいは普段のモービル局で移動運用を楽しむ場合，特に準備するものはありません．しかし，少し本格的に移動運用を楽しみたいなら，ある程度の準備が必要です．移動運用に必要なものといっても，運用に必要なものは固定局とほぼ同じです．自宅にある設備をそのまま移動運用に活用すれば経済的で，何よりも移動運用の早道です．しかし，移動運用ビギナーにとっては，移動運用に使うアンテナをどのように準備するのか，運用に必要な電源も固定局とは違った準備が必要であるなど，悩みは多いでしょう．また，移動運用では1人でアンテナを設置・運営する技術と知識が必要となってきます．

今まで，無線局の設置やアンテナ設営などを専門業者や友人に任せてきたビギナー・ハムには，新た

な楽しみとして，アマチュア無線をより深く理解するチャンスかもしれません．

■ 6-2-1 移動運用に必要なもの

● トランシーバ

　移動運用といっても，専用のトランシーバを新たに購入する必要ありません．最初は現在使っているトランシーバで構いません．しかし用意するなら，できるだけコンパクトなトランシーバをお勧めします．大きな固定局用のトランシーバは確かに高性能ですが，電源がAC100 V（200 V）専用であったり，何よりもほとんどが高額なトランシーバです．運搬中に傷がつく確率の高い移動運用には，あまりお勧めできません．新たに用意するなら，割り切って使える中古のコンパクトなトランシーバの購入も一つの方法でしょう．

　コンパクトといっても，最近のトランシーバはDSP（Digtal Signal Processor）などといった最新技術のおかげで，とても多機能で快適な運用ができるようになりました．また，HF（短波帯）だけでなくV/UHF帯までオールモードで運用できるトランシーバも登場しています（**写真6-6**）．

● 電源（バッテリ，発動発電機）

　移動運用でまず問題となるのは電源です．固定局ではコンセントにつなげば，直接または安定化電源を通してトランシーバに供給することができますが，移動運用では自分で電源を確保する必要があります．以前は自動車用のバッテリの使用が多かったのですが，液漏れや重量などの問題がありました．しかし最近，パソコン用のUPS（無停電電源装置）などに使われるシールド（密閉型）バッテリ（**写真6-7**）が流通するようになりました．取り扱いの手軽さなどから移動運用に最適なバッテリとして，よく活用されています．

　また，自動車を使った移動運用であれば，車載バッテリから直接給電する方法や発電機持参による本格的なAC100 Vの運用が可能です．以前は重く，騒音が大きいというイメージの発電機も，インバータ式発電機（**写真6-8**）の登場で，最近は片手でも軽々と持ち上がるほど軽量で音も静かなものが普及してきました．

● アンテナ

　海岸や草原などの障害物がない広い場所では，大きなアンテナの設置が期待できます．しかし，いき

写真6-6　コンパクト・トランシーバの例
IC-7000（左）は多機能コンパクト・トランシーバとして人気が高い．固定局用としても十分な実力がある．FT-817（右）は代表的なポータブルHFトランシーバ．出力5Wだが移動運用には十分．

写真6-7 シールド・バッテリ
シールド・バッテリは補水不要．横に倒しても電解液が漏れないなど取り扱いがとても便利．しかも安価に購入できるので，移動運用に使う電源に適している．

写真6-8 インバータ式発電機
最近のインバータ式発電機は軽量・低騒音でとても使いやすい．

なり大きなアンテナをビギナーが設営することは難しいでしょう．そこで，素晴らしい移動地のロケーションという大きな利点を生かし，まずは簡単なフルサイズ・ダイポール・アンテナから始めるのはいかがでしょうか？ もちろんHF帯であれば多バンドで運用できる市販のダイポール・アンテナもありますが，シングルバンド用であれば自作も簡単です．

給電部には市販のバランを準備し，近くのホームセンターで購入した家庭用のAC（電源）コードやスピーカ・コードなどを，2本に割いてアンテナ線に使用すればOKです（**写真6-9**）．あとは現地で運用する周波数に合うよう納得できるまで調整すれば，素晴らしい自作アンテナが完成します．このアンテナについては，この章のコラム「移動運用実践編1」で紹介しています．

しかし中には，アンテナの製作に自信がないという人もいるでしょう．そんな人は，コンパクトな市販アンテナを選びましょう（**写真6-10**）．コンパクト・アンテナがいろいろ市販されているので，用途に合ったものを選びます．

写真6-9 自作ダイポールに必要なもの
これだけで性能も十分な立派なダイポール・アンテナが作れる．

写真6-10 コンパクト・アンテナの一例
コンパクトな7MHz用ダイポール．移動運用には最適．

写真6-11 V/UHF帯用のグラウンド・プレーン
簡単に設置できるグラウンド・プレーン・アンテナは移動運用にお勧め．また，指向性がないので八木アンテナより扱いやすい．

写真6-12 タイヤ・ベースの例
車を使った移動運用ではタイヤ・ベースの使用が便利．

写真6-13 伸縮ポール専用の三脚
車が入れないところでも，ポールを立てられる．

　またV/UHF帯であれば，大がかりな八木アンテナよりも，グラウンド・プレーン・アンテナがお勧めです（**写真6-11**）．設営も簡単な上，無指向性なので全方向と効率良く運用できるはずです．簡単なアンテナでの運用から始めても，今後の移動運用に役立つさまざまな経験を与えてくれるはずです．

● アンテナの支持システム（アンテナ・ポールなど）

　どんなに高い山の上でも，アンテナの位置が地面に近ければ性能を十分に発揮することができず，電波は飛びません．1λ（＝1波長）の高さにアンテナを設置するのが理想ですが，短波帯では現実的ではありません（7 MHzだと高さ40 m）．また草原や海岸線など，近くに障害物がない場所は理想的ですが，何の障害物もないということは，アンテナの支えとなる物もないということです．設営にはアンテナ・ポールと土台となるベースを準備するなどの工夫が必要です．

　アンテナを設置するポール用として，長さ3～15 mの専用伸縮ポールが市販されています．これから移動運用を始める方は，この伸縮ポールの購入をお勧めします．まずは短いポールを購入し，設置のノウハウを体得しましょう．3 mほどのものであれば，土台に石を寄せ集めてステーをしっかり展開すれば，軽量なアンテナを設置できます．

　また，自動車を使用した移動運用には前出の「タイヤ・ベース」を使う方法があります（**写真6-12**）．この方法を使えば「お化けポール」と呼ばれる長い伸縮ポールを使って，大きな八木アンテナでも高さ10 m以上の上空に設営可能です．このポールの設営方法を，この章のコラム「移動運用実践編 2」で紹介しています．

　タイヤ・ベースのほかに，伸縮ポール専用の三脚（**写真6-13**）も市販されています．自動車から離れた場所へアンテナを設置するにはこれが便利です．テレビ用の屋根馬をアンテナ・ポールのベースに利用してもよいでしょう．安価な上ホームセンターでも購入できるので，手軽に入手できます．いろいろな物を工夫して使い，楽しんでください．

　ここで，アンテナ設置についてひとつ注意があります．アンテナを設置する際に，移動運用地にある構造物（フェンス，案内図，看板）などを無断でアンテナの支持に使うことは，アマチュア無線家として

表6-1　移動運用持ち物チェックリスト(例)

無線機関係		運用関係	
☐	無線機(取説・電源コード)	☐	ログ・ブック
☐	マイク・電鍵(パドル)	☐	ノート・パソコン
☐	ＡＣ延長コード・テーブルタップ	☐	筆記用具
☐	ヘッドホン	☐	時計
☐	安定化電源	☐	無線従事者免許証
☐	SWR計(無線機内蔵で代用可)	☐	無線局免許状
電源関係		☐	地図
☐	発電機	☐	方位磁石・水準器
☐	燃料	その他	
☐	シール・バッテリ	☐	懐中電灯
☐	電源コード・テーブルタップ	☐	照明器具(夜間運用用)
☐	ドラム・コード	☐	医薬品
☐	乾電池	☐	虫除けスプレー
アンテナ関係		☐	食料
☐	アンテナ	☐	飲料水
☐	アンテナ・エレメント	☐	雨具
☐	アンテナ・ブーム	☐	タオル
☐	アンテナ用ネジ類	☐	ティッシュ，ウェットティッシュ
☐	伸縮ポール	☐	デジタル・カメラ
☐	タイヤ・ベース	☐	服の着替え(Tシャツ・下着)
☐	同軸ケーブル		
☐	SWR計用同軸ケーブル	☐	
☐	ステー・ロープ		
☐	ペグ・ハンマー		
☐	工具(モンキー・ドライバ)		
☐	ビニル・テープ		
☐	軍手		
☐	変換コネクタ(アンテナ用)		
☐	変換プラグ(電鍵，ヘッドホン用)		
☐	脚立	☐	にチェックを入れる

控えてください．アマチュア無線全体のイメージ・ダウンにつながったり，今後その場所で無線の運用が禁止されるおそれがあります．

■ 6-2-2　そのほかに必要なもの

　移動運用に行くといっても，無線機やアンテナ，電源だけを持っていけばよいというものではありません．そのほかにもさまざまなものを準備する必要があります．表6-1に「移動運用」に必要なものをリスト・アップしたので，参考にしてください．ただし，これはあくまでも例なので，自分の移動運用スタイルに合ったものを選んで自分用に作り変えてください．

　持っていくものが決まったらチェック・リストを作成し，忘れ物がないように気を付けましょう．遠くの移動地に着いてから「マイクを忘れた!!」，「電源コードがない！」では目も当てられません．せっかくの移動運用が「ドライブ」に終わってしまわないためにも，持ち物チェック・リストを作って確認しましょう．

6-3　移動運用地の選定について

　機材や必要な物の準備が整いました．いざ移動運用に出かけようとしても，ビギナーの方はどこへ行けばよいか分かりませんよね．では移動運用に行く場所探しを始めましょう．

6-3-1　まずは自宅近くの移動地を見つけよう

　移動運用の準備が整ったら，さっそくフィールドへ．しかし初めての移動運用には「ちゃんと自分だけで設営できるだろうか？」という不安が付き物です．そこで，もし自宅近くに「高台」や「海岸」，「河川敷」などがあれば，まずはそこへ出かけてみませんか？　移動運用の楽しみを見つけるきっかけになるのはもちろんのこと，自宅近くの移動地の発見は，これからの移動運用を行う上でとても役に立ちます（**写真6-14**）．

　例えば，自作したアンテナの調整や，バッテリの持ち時間確認のために運用する場合などに便利です．また，トラブルがあればすぐに買い出しなどの対処ができるという土地勘はとても役に立ちます．

　すぐに帰宅できる移動地は，今後自身のハムライフにとっても有効に活用できます．

6-3-2　移動地情報を手に入れよう

　近場での移動運用を重ねて経験値がアップしてきたら，いよいよ郊外の移動運用にチャレンジしましょう．

　でも「初めての移動運用はどこに行けばいいの？」と心をかすめたあなた．そんなあなたは，移動地の情報を手に入れることから始めましょう．インターネットの検索サイトで「都道府県名　移動運用」と入力して検索すれば，有名な移動地の紹介や詳細な地図などの現地情報を簡単に手に入れられます．

　また，「週末ハイキング」などの登山者向けガイドブックも，訪れたことのない移動先の情報源としてとても役に立ちます．

6-3-3　地図を見る楽しみ（山頂まで車で行ける山探し）

　せっかく移動運用に行くのなら，たくさんの局に呼ばれたい．誰もがそう願ってロケーション（見晴ら

写真6-14
自宅近くの移動運用地の例
無線機やアンテナのテスト時にも重宝するので，どこかよい場所を見つけておこう．

し）の良い移動運用場所を探します．では，どんな場所なら電波が良く飛ぶのでしょうか？　一般的ですが，電波が良く飛ぶ場所の共通点として，次のようなものが挙げられます．

> ① 高い山など見晴らしの良い場所
>   　高ければ高いほど見通し交信距離が伸びる
> ② 交信相手となる市街地に近い
>   　HF帯であれば大都市の方向に障害物がない
> ③ 海・川・ダム・水田など湿地帯の近く
>   　良好なアースによるグラウンドのミラー効果に期待

→ 電波が良く飛ぶ場所の共通点

　これらの条件にあてはまる場所を探すには，国土地理院発行の地形図でなくとも，市販のドライブ・マップで十分です．まず，インターネットで見つけた有名な移動地を地図上で探してみてください．どうです，地図を見れば見るほど「どうやって見つけたのだろう」と感心するほど，上記の条件に合致した場所であることが分かるはずです．

　また障害物がなく，山頂まで自家用車で行ける山は意外に少ないものです．筆者などは山頂まで林道が続いている山を探し始めると，時間を忘れてしまいます．見晴らしが悪く，一般登山家には人気がない山でも，電波伝搬的には遠くまで開いている場合があります．そんな知られていない秘蔵の移動運用ポイントが地図にはたくさん存在しているのです．

■ 6-4　移動運用地に到着して運用開始　でもその前に

　移動運用を行う場所へようやく到着しました．しかし運用を始める前に確認することがあります．

■ 6-4-1　事前のチェックが大事

　初めて訪れる移動運用地の場合，現地に到着するなりいきなりアンテナの設営を始めるのはお勧めできません．その場所が私有地だったり，重要な業務無線基地が近くにあったりすると，その場所では運用できません．まず周辺の状況を確認するためにも，辺りを散策してみましょう．ちょうどよい運用スペースが空いていると喜んでアンテナを設営していたら，そこは工事用資材置き場だったというケースもあります．これからの数時間，気持ち良く運用するためにも事前のチェックはとても重要です．

■ 6-4-2　運用地の住所を調べる

　アマチュア無線の楽しみの一つとして，全国の市町村を追いかけるアワードというものがあります．特にアマチュア局が少ない，いわゆる珍しい市町村から運用する場合は，これを積極的にアピールするとパイルアップになることがあります．市郡区名の代わりに使われるJCC/JCGといったナンバーや，世界中を緯度経度で四角に区切り6文字のアルファベットと数字で表現するGL（グリッド・ロケーター）なども調べておくと交信相手に喜ばれます．

　また，「三国山」といった名前の由来のように，山頂が行政区分の境界線になっている場所が多くあります．特に境界線が入り組んだ場所では，カー・ナビゲーション（カーナビ）などのGPSの活用や市町村名の表示板などで確認しましょう．また別の見方をすると，このような場所では，ほんの少し移動する

だけで別の市町村として運用できます．一日に複数の市町村で運用することができるので，楽しみが広がります．

6-5 移動運用のアンテナの建て方

アンテナにはさまざまな種類があり，設営方法もいろいろですが，基本となる「ポール」の設営方法を紹介します．ポールを一人で立てられるようになると，移動運用の応用範囲が広がります．また人気の少ないと思える場所でも，万が一の倒壊や一般の通行人に恐怖心を与えるようなアンテナの設営は厳禁です．お手軽な運用でも，周りに不安を与えないという，しっかりとした心構えが必要です．

6-5-1 強風が吹いても倒れないように

アンテナ・ポールを自立させるには，以下の三つの要素が必要です．

> ① 基礎部をしっかり固定する
>   根本をぐらつかせない
> ② ポールを垂直に設置させる
>   少しも傾かせない
> ③ どの方向にも倒れないよう支線（ステー）は必ず張る
>   自立の補助には不可欠

→ アンテナ・ポール自立の三要素

①の基礎固定方法には，先述の「タイヤ・ベース」のような固定方法がポピュラーです．自動車を使わない簡単な固定方法としては，TV用の屋根馬や伸縮ポール用三脚などを活用する方法があります．また「タイヤ・ベース」に穴あけ加工を行い，ペグ（杭）などで地面に打ち付けて固定するという方法もあります．石を寄せ集めたり，穴を掘って埋めたりという基礎固定で，あとはステーに頼るという方法もありますが，それは軽量アンテナの設営方法であると考えましょう．

写真6-15　100円ショップで販売されている水準器
100円以上の価値はあるので，1台準備しておこう．

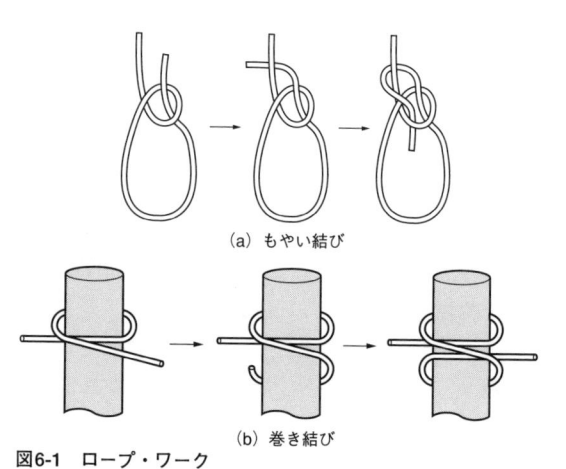

図6-1　ロープ・ワーク
（a）もやい結び
（b）巻き結び

第6章　移動運用に出かけよう

②の垂直の設置は，アンテナを設営する上でとても重要です．基礎部では数mmの傾きも，ポールの長さが長くなればなるほど，先端部では大きな傾きとなってしまいます．特に伸縮式の長いアンテナ・ポールは，アンテナをポールの先端に取り付けてから伸ばすのが一般的で，少しでも傾きがあると思うように伸ばすことができません．

しかし，ポールが垂直に立っているのかどうかを確認するのは至難の業です．こんなときに重宝するのが水準器です(**写真6-15**)．工事用の本格的なものでなくても，100円ショップで購入できる簡単なもので十分です．基礎部の固定時からできるだけ垂直に固定するとその後の伸縮作業がとてもスムーズに行えます．

③の支線(ステー)の設置は，安全のためにとても重要です．たとえ基礎部がしっかりと自立していても，突然の強風にあおられて「倒壊」という危険性がないとはいえません．ステーの線には頑丈なロープが必要ですが，あまり太すぎたり固かったりすると，設営やロープ・ワークが大変です．キャンプのテント用のロープなどが強度的にも最適ですが，アンテナの大きさやポールの高さなど考慮して選択してください．

また，せっかくステーを展開しても，ゆるんだり，ほどけたりするようでは何の意味もありません．もやい結び・巻き結び(**図6-1**)などの便利なロープ・ワークを体得すれば，移動運用以外でも何かと活用の機会があるのでぜひ覚えてください．

6-6 運用を楽しもう

アンテナの設置も完了し，これですべて準備ができました．思う存分運用を楽しんでください．でも，せっかく出かけてきたのです．移動運用の楽しみ方は，無線だけではなくたくさんありますよ．

6-6-1 運用開始　パイルアップになったら

アンテナを無事設営し，いざ運用開始です．どうですか，自宅とはまったく違って，たくさんの局が受信できることにビックリするのではないでしょうか．

最初はCQを出している局を呼んでみましょう．応答があり，無事に交信できたら，無線機やアンテナは正常に動作しています．これで本格的な運用開始です．

しばらくして受信に慣れてきたら，思い切って積極的にCQを出して交信を進めてみましょう．CQを出すときは，コールサインの後に「川辺郡猪名川町大野山　移動」というように，運用地と移動運用であることを示しましょう．これによって，応答率はずいぶん違ってきます．

また，交信内容もRSレポートと移動先の市町村名だけでなく，周りの雰囲気などを一緒に伝えれば，移動している情景が自然と相手局に伝わるはずです．「辺りに花が咲いている」，「眼下に雲海が広がっています」など何でも構いません．RSレポート交換だけで交信を終わらず，一言添えることによって会話が弾み，より楽しい移動運用になります．

電波の飛びが良ければ，同時にたくさんの局に呼ばれる「パイルアップ」状態になるかもしれません．そんなときは，確実にコピーできる局から順番に交信していけばよいのです．できるだけあわてず，スマートな交信を心がけて，多くの局との交信を堪能しましょう．交信が終わったときは，準備の苦労を忘れてすっかり移動運用の虜になっているかもしれませんよ．

写真6-16
アウトドア・クッキングを楽しもう
アウトドア用のストーブが1台あれば暖かいコーヒーも．移動運用がさらに楽しめる．

■ 6-6-2　移動運用中の楽しみはさまざま

　大自然の中で運用するだけでも，十分に楽しめるかもしれません．でも，せっかく自然の中に来たのであれば，さらなる楽しみを見つけませんか？

　例えば，アウトドア・クッキングはどうでしょう．今までキャンプなど無縁だった方も，スポーツ用品量販店で小さなガスバーナーを手に入れれば，簡単な調理を楽しめます．お湯を沸かして作るカップラーメンやフライパンで作る豚キムチ，冷凍食品の焼き飯など，自然の中で食べる食事は簡単でも味は格別です．

　また，釣りやキャンプなど子供と一緒に参加する行事に合わせて，移動運用を計画してはいかがでしょう．普段，一方的になりがちなアマチュア無線の楽しみを，子供たちに伝える絶好の機会になるかもしれません(**写真6-16**)．

■ 6-6-3　無事移動運用が終了したら

　無事にアンテナを撤収し移動運用が終了したら，ゴミの後片付けを特に心掛けてください．これは常識であることは言うまでもありませんが，その場所で今後もアマチュア無線を楽しむためにも，とても大切なことだとお互い認識しましょう．

　一般の人からすると，見慣れぬアンテナ，スピーカから出てくる声など，移動運用は注目の的であることに間違いありません．ビニル・テープの切れ端などのちょっとしたゴミでもその場に捨ててしまったら「あの人は」ではなく「アマチュア無線家は」という印象でとらえられてしまいます．逆に「来たときよりも美しく」という気持ちを心掛け，その場に落ちているゴミを少しでも持ち帰れば，アマチュア無線の印象が大いに良くなることでしょう．

6-7　移動運用地で特に気を付けること

　移動運用では，実際の運用以外にもさまざまな注意点があります．以下に説明することには特に気を付けましょう．

● 移動運用地のTPOを考える

　週末になると，有名なハイキング・コースや風景の良い場所などは，一般の観光客がたくさん集まり

ます．いくら野外だといっても，人が集まる場所で大きなアンテナを立て，大音量でピーピーと運用していれば，けっして周りに良い印象を与えません．ぜひ，その移動運用地のTPO〔(Time，Place，Occasion)〕「時」，「場所」，「場合」といった雰囲気を感じながら移動運用を楽しみましょう．

● 自然の怖さをよく知る　その1

お手軽な移動運用といっても，見晴らしの良い場所でアンテナを設営しているのであれば，突然の「突風や落雷」にも細心の注意を払う必要があります．また冬場の移動運用では，雪が降って下山できないといったトラブルも耳にします．

これらに共通して言える対策方法は，「無理をしない」，「勇気を持って撤収する」という心掛けです．移動運用に慣れた人ほど慎重な移動運用を心掛けているのは，それだけ自然の怖さを経験として知っているからです．

● 自然の怖さをよく知る　その2

山の中などで運用すると，まれにマムシやヤマカガシなど毒を持った蛇に遭遇することがあります．運用地での熊への遭遇は，よほど奥地に足を踏み入れない限り大丈夫だと思いますが，絶対にないとは言えません．また，ハチの攻撃や蚊などの害虫に悩まされるかもしれません．

これらの人に害となるものに対して知識を深めたり応急処置のセットを準備しておくことは，移動運用のためだけでなく，自然に触れる機会が多い人には必要なことではないでしょうか．

● 体調は万全に　十分な水分補給を

夏場の移動運用は炎天下でのアンテナ設置や運用となり，相当に体力を消費します．普段あまり運動しない人は，健康管理にも注意しましょう．特に水分の補給は十分に行ってください．酷暑のときは運用を中止するのもひとつの選択です．

また，体調に不安があるときは移動運用に行くこと自体をやめましょう．冬場に風邪気味のときなどは要注意です．運用地は気温が低い場所が多いので，病状が一気に悪化します．

● 移動運用では決して無理はしない

特に1人での移動運用では，無理は禁物です．素晴らしいコンディションに時間を忘れて，呼ばれ続けて，気が付けば辺りは暗く，帰りの下山ルートが分からないでは大変です．また，体力の消耗や睡眠不足などで，帰宅の運転がフラフラでは危険極まりなす．ぜひ，次の日の体調も考えて，無理のない運用を心掛けましょう．

6-8　移動先での出会いは友好的に

移動運用をしていると，よく一般の方から「何しているのですか」，「どこまで飛ぶのですか」と尋ねられることがあります．そんなときは「アマチュア無線といってこんな楽しみがあるんですよ」とPRしてみませんか？　私たちの趣味「アマチュア無線」の原点は，人とのコミュニケーションだと思います．そんな出会いからアマチュア無線の仲間がまた1人増えるかもしれません．

COLUMN

移動運用実践編 1
7MHzフルサイズ・ダイポールを野外で設営する

　HF帯で一番人気のある7MHzで運用するためのフルサイズ・ダイポールの製作と簡単な設営方法について紹介します．

● 準備するもの

　写真6-Aに示すように次のものを準備します．市販の1：1バラン（アンテナ給電部），アンテナ線（家庭用ACコード，スピーカ・コードなど），圧着端子，ロープ，タイラップ，10cmくらいに切った塩ビ・パイプ（または碍子など）．

● 部品の購入

　アンテナ線となる電線をホームセンターなどで購入します．アンテナ線といっても特殊なものは必要なく，家庭用ACコードやスピーカ・コードなどの一般的なもので構いません（写真6-B）．コードの長さは，次の計算式で算出される必要な長さを買い求めます（7MHz用では約11m）．

　そのほか，バランとアンテナ線との接続に使用する「圧着端子」があれば確実に結線できます．バランは1：1バランを無線機ショップで

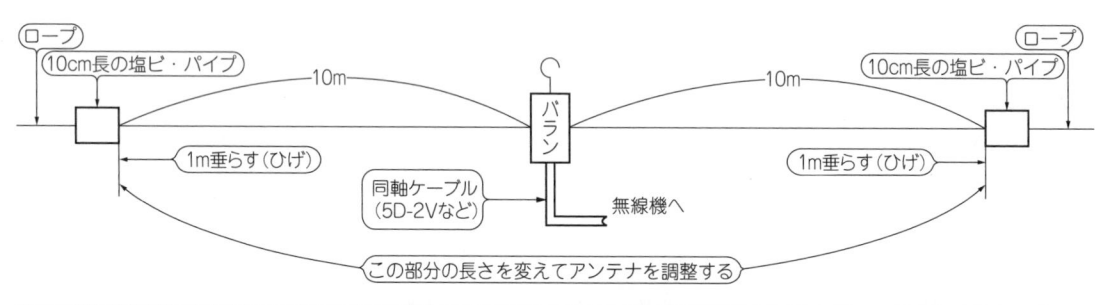

（図：ロープ — 10cm長の塩ビ・パイプ — 10m — 1m垂らす（ひげ） — バラン — 同軸ケーブル（5D-2Vなど） — 無線機へ — 10m — 1m垂らす（ひげ） — 10cm長の塩ビ・パイプ — ロープ　この部分の長さを変えてアンテナを調整する）

半波長ダイポール・アンテナの片側エレメント長の求め方（7.050 MHz）
波長　　×　短縮率　×　半波長　×　片側　＝　半波長ダイポールの (42.55 m)　(0.98)　　(0.5)　　(0.5)　　片側エレメント長(10.42 m)

写真6-A　7MHz用ダイポール・アンテナの製作に必要なもの
バラン以外はホームセンターで入手できる．

写真6-B　バラン（市販品）とホームセンターで購入したスピーカ・コード
アンテナの主要部品はこの二つ．

購入しましょう．

● **単なるコードが「アンテナ」に変身**

購入したコードの先端に，はんだ付けや圧着工具を使用して圧着端子を取り付けます（**写真6-C**）．端子を取り付けたら，一気にコードを二つに割きます（**写真6-D**）．2本になったコードを市販のバランに取り付ければ，左右11 m（全長22 m）の7 MHz用フルサイズ・ダイポールの完成です（**写真6-E**）．

● **アンテナの設営に必要な準備**

完成したアンテナを展開するには，両端を「ロープ」などの絶縁物で引っ張ります．また，希望する周波数にアンテナを共振させるための調整部分（ひげ）が必要で，両先端を1 mほど垂らします（**写真6-F**）．アンテナ線とロープとの結び目に碍子があれば便利ですが，代わりに塩ビ・パイプ（水道配管）などに穴開け加工したものを利用したり，アンテナ線に直接ロープを結び付けても構いません．

● **実際のアンテナの立て方**

ダイポール・アンテナの場合，アンテナ線の両端をポールを使って高くして引っ張り，給電部を釣り上げる方法や，ポールを使って給電部を高くして両端を引っ張る方法など，ポールを

写真6-C　コードに圧着端子を取り付ける
アンテナ線をバランに取り付けるための圧着端子を取り付ける．

写真6-D　スピーカ・コードを二つに割く
アンテナ線にするために1本ずつに分ける．

写真6-E　コードからダイポール・アンテナへ変身
これでアンテナ本体の完成．

写真6-F　アンテナ端末を垂らした部分（ひげ）の長さを調整して共振点を合わせる
碍子代わりの塩ビパイプにアンテナ線を通し，1mほど下に垂らす．

利用した展開方法が一般的です．しかし，山の斜面や立ち木などのフィールドをうまく利用すれば，ポールを使わずとも簡単に設営ができます．

写真6-Gのようなフックが100円ショップで販売されていました．これを利用して，バランを木の枝に引っ掛けます．フックの根元が回転するので，バランの向きは気にしなくて良さそうです．**写真6-H**のように釣り竿を使って木の枝にバランを引っ掛けると，ポールを使わずに給電部が設置できました（**写真6-I**）．アンテナ線の端も同じように木の枝に引っ掛けられれば，ポールを1本も使わずにダイポール・アンテナを設置することができます．

このように，フィールドに合ったアンテナの立て方を研究するのも楽しみの一つです．

● アンテナの調整方法

アンテナの設営が完了したら，運用する周波数にきちんと共振しているかどうか，SWR計などを使って調整する必要があります．ある程度の高さに設営した場合，購入したコードのまま（全長22 m）では7 MHzのアマチュア・バンドには少し長すぎるはずです．SWRの変化を

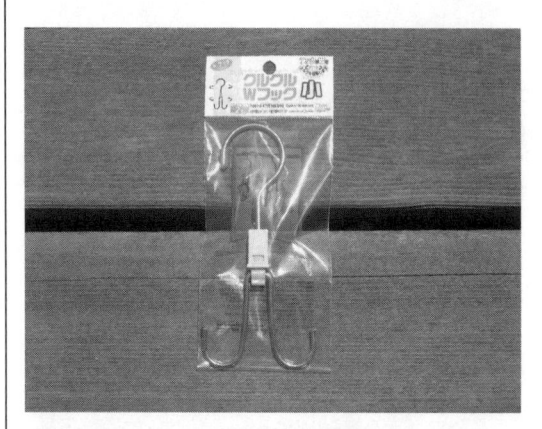

写真6-G　100円ショップで見つけた便利そうなフック
写真6-Hのようにフックの片方の足は伸ばして釣り竿の中に，もう片方は丸く曲げてバランを取り付けられるようにする．

写真6-H　フックを取り付けたバランを釣り竿で高い木の枝に設置する
フックの根元は回転するので，どの向きにでも設置できる．

写真6-I　バランを木の上に設置
立木を利用することでポールが不要になる．

写真6-J　アンテナの調整は面倒でも左右同じ長さを同じにカットすること
SWRは1.5以下になっていれば問題なく使用できる．

確認しながら，両端を少しずつ同じ長さだけカットして希望周波数に共振するよう調整していきます（**写真6-J**）．

希望周波数より低い周波数でSWRが落ちている場合はアンテナ線が長いので，アンテナ線を短くします．希望周波数より高い周波数でSWRが落ちている場合は，アンテナ線が短いので，アンテナ線を長くします．

希望周波数でSWRが1：1.5以下になれば調整完了です．

COLUMN　移動運用実践編 2
本格的八木アンテナ用ポール設営方法

タイヤ・ベースを使った高さ10 mを越えるポールでの本格的なアンテナ設営方法について紹介します．使用するのはフジインダストリー社製のポールと専用のタイヤ・ベースです．慣れれば比較的簡単な設営方法ですが，重量面でも本格的な設営方法なので，安全を一番に考えながら設営する必要があります．最初は経験者と一緒の作業をお勧めします．

● **まずは移動地の選択から**

高さ10 mを超えるポールを設営する場合，必ずしっかりとしたステーを張り，ポールを支える必要があります．つまりアンテナを設置するスペースだけではなく，十分なステーを展開できる安全な空間の確保まで含めて移動地を選択しなければなりません（**写真6-K**）．

車道ぎわなどで運用する場合，たとえ林道などの通行が少ない場所であっても道路をまたぐなど，通行に支障がでるようなステーの展開方法はとても危険なのでやめましょう．

● **なるべく平坦な場所で垂直にポールを立てる**

タイヤ・ベースを車のタイヤで踏み，ポールの基礎部を固定します．この際，地ならしや詰め物などをしてタイヤ・ベースを「水平」に設置することがとても重要です．タイヤ・ベースに傾きがあったままだと，特にポールが長いほど，ポールを伸ばすときの抵抗が増し，設営作

写真6-K アンテナの設営に十分な平坦地を選択する
ステーを展開できる場所であることが必要．

写真6-L 車の自重でアンテナを支えるタイヤ・ベースとポール
ポールは垂直であることを確認する．

写真6-M　ステー・リングにステーを結び付ける
もやい結びを覚えておくと便利.

写真6-N　組み立てたアンテナをポールの先端に取り付ける
アンテナの上に木の枝などがないかどうかをあらかじめ確認しておく.

写真6-O　ポールの伸ばし作業を開始
ポールはステーや同軸ケーブルが絡まないよう,あらかじめ伸ばしておく.

写真6-P　ピンロックの確認
ピンロック方式でのポールは囲み内のピンが確実に出ているかどうか確認する.

業が難しくなります.山などの傾斜地は見た目と実際が大きく違う場合があります.そんなときは水準器や垂直計を使えば簡単に確認できます(**写真6-L**).

● ステー・リングにステー・ロープを取り付ける

タイヤ・ベースの水平出しが完了して,ポールが垂直であることを確認したら,ステー・リングにロープを結び付けます(**写真6-M**).ロープの結び方として「もやい結び」(**図6-1**)を覚えておくとしっかり結べる上,撤収時には簡単に外せます.

● アンテナの取り付け

組み立てたアンテナをポールの先端に取り付けます(**写真6-N**).この際,エレメントや同軸ケーブルなど,付け忘れや間違いがないかどうかしっかり確認します.特に給電部のヘアピンなどの付け忘れに注意しましょう.また,ポールを伸ばした場合,木の枝などにアンテナが当たらないかどうか,事前に下からも確認しましょう.

● ポールを伸ばす前に(最終確認作業)

ポールを伸ばす前にステーや同軸ケーブルが絡まないようあらかじめまっすぐに伸ばしておき,ポールを伸ばす際の不必要な負荷にならないようにします(**写真6-O**).また,同軸ケーブ

写真6-Q　ポールの伸ばし作業終了
ポールが伸びきったらすぐにステーを張る．ステーの角度にも注意する．

写真6-R　ステーをしっかりと張る
ステーの先はペグなどのアンカーに結び付ける．

写真6-S　SWRの確認
ステーを張り終えてアンテナ設置の安全を確認してからアンテナのSWRを確認する．

写真6-T　設置完了
ステーでしっかり固定すれば10mを超える高さの八木アンテナでも安定した設置ができる

ルの重さがアンテナ給電部に直接かからないよう，アンテナ直下で同軸ケーブルを一度ビニル・テープなどで留めておきます．

● **ポールの伸ばし作業**（ポールのロック）

　周囲に人がいないかどうかなど，危険がないことを確認した後で，ポールを伸ばしていきます．ポールのロック方式には「ピンロック方式」（自動的にピンが飛び出してくる）と「ボルト固定方式」（穴にボルトを入れて固定する）があります．「ボルト固定方式」は，ポールに開けられた穴にボルトを差し込んで固定すればよいの

で簡単です．しかし，ポールを伸ばす際に固定する穴の位置が分かるようしておかないと，ポールがすっぽ抜けてしまうこともあり，ビギナーにはあまりお勧めできません．

　「ピンロック方式」も「ボルト固定方式」も固定時に使用する穴の位置は，1段ごとに90°ずつずれています．穴の位置が分かりづらいときは，上部のロック場所を確認しましょう（**写真6-P**）．

● **ポール伸ばし作業が完了したら**（ステーの展開）

　ポール伸ばし作業が完了したら，風上のステ

ー・ロープから仮止めします．この際のステーはとりあえずアンテナ転倒防止が目的なので仮止めで構いません．できるだけ急いで残りのステー・ロープも仮止めします(**写真6-Q**).

　全方向のステーが展開後，ポールの倒れ具合を下から確認しながら，しっかりステーを張ります．またステーの展開角度も重要です．事前に十分な長さのステー・ロープを用意しましょう．ステーの先は，ペグやアンカーなどその地面の状況に応じた形状や長さを選択し，抜け出てしまわないように注意します(**写真6-R**)．しっかり張り終えたら，一度ポールを手で押してみましょう．ここでグラつくようなら設営が十分ではありません．もう一度ステーなどを見直しましょう．

● **アンテナの設置が完成したら**

　ステーも無事張り終え設置が完了したら，一度アンテナから離れて周囲への安全確認を行います．安全を確認してからSWRなどアンテナの調整を確認します(**写真6-S**)．もちろん，時間が経てばステー・ロープがゆるむ場合もあるので，アンテナ撤収まで定期的に確認しましょう．しっかり設置されたアンテナは，安定感も良く，いかにも飛びそうです(**写真6-T**)

第07章 アマチュア無線の競技会
コンテストに参加しよう

JL3JRY　屋田 純喜 *Junki Okuda*

アマチュア無線には人と競い合うことを目的とする楽しみ方はほとんどありません．しかし，コンテストは別です．このアマチュア無線の数少ない競技であるコンテストの楽しみ方を紹介します．

7-1 コンテストとは何か？

いつものように無線機のスイッチを入れると「CQコンテスト」，「CQコンテスト」とバンド中がまるでお祭りのような大騒ぎに驚いたことはありませんか？ 交信コンタクトしたかと思うと，数字やアルファベットを言ってすぐ次の交信へ？ これ，何かのお祭りなの？ 実はこれがアマチュア無線の競技会，いわゆる「コンテスト」なのです．

7-1-1 コンテストの概要

コンテストは，ある一定の期間内に，どれだけ多くの局と交信するかを競い合うものです．交信した局数(得点)だけでなく，交信した地域の数や異なるプリフィックスの数などのマルチプライヤーと呼ばれるポイントを，交信で得た得点に乗算し，この総合計の得点で順位を競い合います．

ほとんどのコンテストは数時間から2日間にわたって行われますが，中には1週間以上の長期にわたるマラソン・コンテストと呼ばれるものもあります．また，QSOパーティーと呼ばれるものもあります．これは決められた数以上の局と交信し，アマチュア局同士の親睦を深めることを目的としています．そのため順位は競いません．これもコンテストの一種です．

コンテストの交信期間が終了後，参加者は交信結果を書類にまとめて主催者に提出します．この書類を提出することにより，はじめてコンテストに参加したと言えるでしょう．参加者から送られてきた書類はコンテスト主催者の元で集計され，総得点の高い順に順位が決定されます．この順位はJARL NEWSやCQ ham radio誌などで発表され，入賞者には表彰状や記念品などが贈られます．この順位の発表によって，一つのコンテストが終了したことになります．コンテストによっては，表彰状のほかに開催地の特産品などの副賞が贈られることもあります．これも楽しみの一つです．

コンテストには個人で参加するだけでなく，友達同士やクラブが一つのコールサインを使って参加することもできます．学校のクラブ活動の一環としてコンテストに参加する，高校や大学の局も，よく聞こえてきます(写真7-1)．

7-1-2 コンテストで日頃の技術を試そう！

実際のコンテストの交信を聞いてみると，交信内容が早すぎてついていけなかったり，意味不明のナ

写真7-1 クラブ単位でコンテストに参加しているようす
ベテランの方のオペレートはとても参考になるので，積極的に参加しよう．

ンバーの交換に困惑してしまうかもしれません．交信は慌ただしいし，そもそもアマチュア無線で競技なんて楽しいの？ そんなイメージがあるかもしれません．

しかし，実際にコンテストに参加してこの雰囲気に慣れてくると，流れるような効率の良いコンテストの交信がとても心地よくなります．また，競技という競争心を持ちながら交信するコンテストは，通常の交信とはまったく違った，新たなアマチュア無線の楽しみを与えてくれます．

スポーツに例えるなら，通常の交信は友達との「キャッチボール」，コンテストは「試合・大会」と考えるとわかりやすいかもしれません．時間内にできるだけ多くの局と交信しようとすると，効率の良い運用，つまり交信技術が必要です．そのためには，キャッチボール（日頃の交信）によって技術を磨き，試合（コンテスト）は日頃培った技術を試す良い機会でしょう．

7-2 コンテストのルールを知ってさらに楽しく

コンテスト（試合）に出ようとすると，通常の交信（キャッチボール）とは違い，さまざまなルールが必要となります．また，参加にはマナーの理解も必要です．といっても決して難しいものではありません．一度理解してしまえば，ほとんどのコンテストに対応できます．

コンテストにおけるルールは「規約」と言われています．コンテストに参加する前には，この規約をよく読んで理解しておきましょう．コンテストの規約はJARL NEWSやJARL Web，CQ ham radio誌の「コンテスト規約」のページに掲載されています．

7-2-1 コンテストの開催日を調べよう

まず，コンテストがいつ開催されるかを調べることから始めましょう．ひと口にコンテストといっても，開催団体はさまざまです．有名なところでは，日本アマチュア無線連盟（JARL）やJARLの各地方本部，JARLの各支部でしょう．これ以外にも，一般の無線クラブや愛好団体もコンテストを開催していま

す．これらを合わせると，ほぼ毎週末に一年中何らかのコンテストが開催されていることになります．

また，各コンテストには開催目的があり「マルチプライヤー」の設定など，開催目的の特色を生かすように，規約によってさまざまなルールが設定されています．

コンテスト開催日程は，JARL NEWSやJARL Web，CQ ham radio誌などに掲載されているので，これらで確認しましょう．表7-1にJARLが開催するコンテストを示します．特にJARLが開催する「ALL JAコンテスト」，「6m AND DOWNコンテスト」，「フィールドデー・コンテスト」，「全市全郡コンテスト」はJARL 4大コンテストと呼ばれ，多数のアマチュア局が参加して大いににぎわいます．

■ 7-2-2 参加部門・種目を決めよう

多くのコンテストは，部門・種目といった分類でさまざまに分けられて集計されます．自局免許の範囲内であればどのバンド・モードで交信してもOKです．けれども，入賞を目指すなら参加部門・種目をあらかじめ決めておいて，積極的に運用することが重要です．

部門には電話部門や電信部門，電信電話部門などがあります．種目もバンド別，シングルオペかマルチオペかなどにより，さまざまな種目に分けられます．設定される部門と種目はコンテストによって異なるので，規約をよく読んで確認しましょう．JRAL 4大コンテストの一つ「ALL JAコンテスト」を例に挙げると，参加部門および種目は表7-2のようになっています．

■ 7-2-3 参加部門の選択　あなたは電話派？ 電信派？

では参加する部門の選択から始めましょう．表7-3にALL JAコンテストにおける部門の種類とルールを示します．

コンテスト・ビギナーの方には，SSBやFM，AMという電波型式を使って交信する「**電話部門**」で，コンテストの雰囲気を感じるところから始めることをお勧めします．電話部門は4アマを意識して作られた部門なので，初めての方でも参加しやすいと思います．この部門の出力は10 W（50 MHzは20 W）までに制限され，さらに4アマに認められてない14 MHz帯での運用もできません．

この部門は4アマに限られたものではなく，3アマ以上の方にも参加資格があります．3アマ以上のコンテスト・ビギナーの方もまずここからスタートしてみましょう．

「**電信部門**」は名前のとおり，電信のみで交信を行う部門です．3アマ以上で電信（CW）が得意な方は，この部門に参加してもよいでしょう．コンテスト中は，電話より電信のほうがにぎやかなバンドもあり，そのうえ電話よりも遠方の局と交信ができます．電信ができる方はぜひチャレンジしてください．

表7-1　JARLが主催するコンテストの日程

名　称	開催日時	使用する周波数帯
ALL JA コンテスト	4月の最終日曜日の前日の21時～最終日曜日の21時まで	1.9～50 MHz 帯
6 m & DOWN コンテスト	7月の第1土曜日21時～翌日15時まで	50 MHz 帯以上
フィールドデーコンテスト	8月の第1土曜日21時～翌日15時まで	1.9 MHz 帯以上
全市全郡コンテスト	10月の第2月曜日の前々日の21時～前日の21時まで	1.9 MHz 帯以上
All Asian DX コンテスト	電信部門…6月の第3土曜日00時～翌日の24時UTCまで 電話部門…9月の第1土曜日00時～翌日の24時UTCまで	1.9～28 MHz 帯 3.5～28 MHz 帯
QSO パーティー	1月2日09時～7日21時まで	全バンド

JARL 主催のコンテストでは 10/18/24 MHz 帯を使用しない（QSO パーティーを除く）

表7-2 ALL JAコンテストの参加部門と種目

部門	種目		コンテストに設定される種目のコードナンバー(注10)			
			電力による区分なし	H	M	P
電話(注1)	シングルオペ(注3)	オールバンド(注4)	PA			
		1.9 MHz バンド	P19			
		3.5 MHz バンド	P35			
		7 MHz バンド	P7			
		21 MHz バンド	P21			
		28 MHz バンド	P28			
		50 MHz バンド	P50			
		ニューカマー(注5, 注9)	PN			
	マルチオペ	オールバンド(注4)	PMA			
電信	シングルオペ(注3)	オールバンド		CAH	CAM	CAP
		1.9 MHz バンド		C19H	C19M	C19P
		3.5 MHz バンド		C35H	C35M	C35P
		7 MHz バンド		C7H	C7M	C7P
		14 MHz バンド		C14H	C14M	C14P
		21 MHz バンド		C21H	C21M	C21P
		28 MHz バンド		C28H	C28M	C28P
		50 MHz バンド		C50H	C50M	C50P
		シルバー(注6, 注9)	CS			
	マルチオペ	オールバンド		CMAH	CMAM	
		2波(注7, 注9)	CM2			
電信電話(注2)	シングルオペ(注3)	オールバンド		XAH	XAM	XAP
		1.9 MHz バンド		X19H	X19M	X19P
		3.5 MHz バンド		X35H	X35M	X35P
		7 MHz バンド		X7H	X7M	X7P
		14 MHz バンド		X14H	X14M	X14P
		21 MHz バンド		X21H	X21M	X21P
		28 MHz バンド		X28H	X28M	X28P
		50 MHz バンド		X50H	X50M	X50P
		シルバー(注6, 注9)	XS			
		SWL(注2, 注9)	XSWL			
	マルチオペ	オールバンド		XMAH	XMAM	
		2波(注7, 注9)	XM2			
		ジュニア(注2, 注8, 注9)	XMJ			

注1：電話部門のすべての種目は，空中線電力 10 W 以下（50 MHz バンドでは 20 W 以下）とする．
注2：電信電話部門は，「電信および電話」または「電話」によるものとする．ただし，SWL およびジュニアは電信のみによる参加のときも，この部門に含める．
注3：シングルオペは，コンテスト中の運用に関わるすべてのことを一人で行うものとし，それ以外はマルチオペとする．
注4：電話部門オールバンド種目は，14 MHz バンドによる運用を除く．
注5：ニューカマーは，初めて局を開設した個人局であって，局免許年月日が開催日の3年前の同日以降に免許された局とする．
注6：シルバーは，年齢が70歳以上のオペレータによる運用であるものとする．
注7：2波は，いかなる場合も同時に送信できるのは2波（異なる2バンド）以下とし，2波それぞれに「10分間ルール」を適用する．「10分間ルール」とは，バンドを変更したときは受信時間を含めて少なくとも10分間そのバンドにとどまらなければならない，というルール．
注8：ジュニアは，年齢が18歳以下のオペレータの運用によるものとする．
注9：ニューカマー，シルバー，2波，SWL およびジュニアは使用するバンド数に関係なくオールバンドにエントリーしたものと見なす．SWL および2波は，使用するバンドに制限はない．
注10：コードナンバーの H, M, P は，それぞれ空中線電力「100 W 超」，「5 W 超 100 W 以下」，「5 W 以下」の電力区分を表す．

表7-3 ALL JAコンテストにおける部門の種類とルール

電話部門	音声による交信のみ．SSB・FMなど （出力10 W，50 MHzは20 W以内，14 MHz帯不可）
電信部門	電信（モールス）による交信のみ
電信電話部門	電話・電信両方による交信 （電話のみの交信も可）

「**電信電話部門**」は電信と電話の両方が使用できる部門です．電信と電話の両方が使えるため，ほかの部門より多くの局と交信できます．この部門は電信と電話のどちらか一方でしか交信していなくても書類を提出できます．しかしこの部門は，電話で局数，電信でマルチを稼ぐという戦い方をすれば，得点を大きく伸ばすことができます．この部門で入賞を目指すのなら，電信での交信は必須です．コンテストに慣れてきたらこの部門にチャレンジしてみましょう．

入賞を目指すなら，コンテスト開始前に参加する部門を決定し，その部門に専念するのが得策です．また，参加部門の選択は書類提出時に自分で決められる場合がほとんどです．3アマ以上の方は，電信・電話両方に参加して，ぜひコンテストのさまざまな雰囲気を体感してください．

■ 7-2-4　参加種目の選択　あなたは個人？ 団体？ 得意なバンドは？

部門を決めた後は参加する種目（運用形態，運用バンド）を決めます．細かく分けられているので，自分の運用形態に合った種目を見つけましょう．

- シングルオペ？ マルチオペ？

種目は大きく「**シングルオペ**」と「**マルチオペ**」の二つに分類されます．そして，ここからさらに細かく分けられます．

「**シングルオペ**」とは，コンテスト中の運用に関わるすべてのことを一人の運用者（オペレーター）だけで行う個人競技です．社団局のコールサインを使っても，オペレーターが一人であればシングルオペに参加できます．

「**マルチオペ**」とは，一つのコールサインを複数のオペレーターで運用する，いわば団体競技のようなものです．ほとんどが社団局での参加ですが，個人局のコールサインでも，ゲストオペレーター制度を使用すれば，マルチオペに参加できます．

- シングルバンド？ オールバンド？

バンドには複数のバンドを使って運用する「**オールバンド**」と，一つのバンドのみで参加する「**シングルバンド**」があります．

ALL JAコンテストでは，1.9～50 MHzまでが交信の対象です．自分が運用できるバンドで参加すれば良いのですが，特にビギナーの方はバンドのようすが分かっている，普段よく運用するバンドで参加するとよいでしょう．24時間というコンテスト期間には，時間帯ごとに交信できる地域が，それぞれのバンドで大きく異なるからです．いつ，どのバンドを選べばよいかという経験の差が，コンテストでの大きな得点差となります．

また，シングルバンドに参加する場合でも，コンテスト中に二つ以上のバンドで運用しても構いません．コンテストは書類を提出することによって参加したと認められます．つまり書類を提出するときに，どのバンドの交信結果を報告するかを決めればよいのです．

- **そのほかの種目**

　ALL JAコンテストをはじめとするJARL 4大コンテストでは，参加者が限定される，次のような種目も設定されています．

　ニューカマー…初めてアマチュア局を開設した個人局であって，局免許年月日が開催日の3年前の同日以降に免許された局が対象．転居や局免許の失効などによって新たに開局した場合は，この種目に参加できない．
　ジュニア………18歳以下のオペレーターの運用によるもの．
　シルバー………70歳以上のオペレーターによる運用．

　これらの種目は誰もが参加できるわけではありません．対象となる方は参加されてはいかがでしょうか．

　これ以外にも出力が5W以下に制限される「**QRP**」や，マルチオペ部門には「**2波**」という種目もあります．「2波」は同時に送信できるバンドが2バンドに限られるという種目です．

　以上いろいろな部門・種目を紹介しました．設定される部門・種目はコンテストによって異なり，JARL 4大コンテストの中でも違いがあります．コンテストに参加する前にどのような部門・種目があるか，規約をよく確認しましょう．

　電信電話部門マルチオペ・オールバンドでの優勝はコンテストの総合優勝ともいえますが，誰もが優勝を狙える体制で参加できるわけではありません．まずは自分に合った部門・種目を探し，コンテストを楽しんでください．

■ 7-2-5　そのほかの確認事項

　コンテスト規約には，このほかにも禁止事項や失格事項，注意事項などが書かれています．中には参加資格，交信相手局に制限のあるコンテストもあるので，規約をよく確認しましょう．

　書類提出期限についてもよく確認しましょう．気がついたら，提出期限を過ぎていたということもあります．頑張ってコンテストに参加しても書類提出期限が過ぎてしまっては，元も子もありません．

7-3　実際のコンテストに参加してみよう

　コンテストがどのようなものか分かってきたところで，実際にコンテストに参加してみましょう．日本でもっとも参加者が多いと言われている，ALL JAコンテストに参加することを想定して説明します．

■ 7-3-1　運用周波数が定められている

　いったん，コンテストが始まってしまうと，バンド中がコンテストの交信だらけです．そこで，コンテストに参加しない一般局へ混信を与えないように，JARL主催のコンテストでは各バンドに「使用周波数帯」が定められています．普段の交信でよく使われる周波数よりも，高めの周波数が指定されているバンドがあるので，注意が必要です．特に短縮アンテナを使うことが多いHF帯では，アンテナの調整をやり直す必要があるかもしれません．

　また，この周波数帯以外でコンテストに参加すると失格の対象になる場合もあるので注意しましょう．一般クラブが主催するコンテストでも，使用周波数帯を義務付けているコンテストがあります．コンテストに参加する前に規約をよく確認しましょう．

表7-4 JARLコンテストにおける使用周波数帯

アマチュアバンド	使用周波数帯	
	電 信	電 話
1.9 MHz 帯	1.801 ～ 1.820 MHz	【AM/SSB】 1.850 ～ 1.875 MHz
3.5 MHz 帯	3.510 ～ 3.530 MHz	【AM/SSB】 3.535 ～ 3.565 MHz
7 MHz 帯	7.010 ～ 7.040 MHz	【AM/SSB】 7.060 ～ 7.140 MHz
14 MHz 帯	14.050 ～ 14.080 MHz	【AM/SSB】 14.250 ～ 14.300 MHz
21 MHz 帯	21.050 ～ 21.080 MHz	【AM/SSB】 21.350 ～ 21.450 MHz
28 MHz 帯	28.050 ～ 28.080 MHz	【AM/SSB】 28.600 ～ 28.850 MHz 【FM】 29.200 ～ 29.300 MHz
50 MHz 帯	50.050 ～ 50.090 MHz	【AM/SSB】 50.350 ～ 51.000 MHz 【FM】 51.000 ～ 52.000 MHz
144MHz 帯	144.050 ～ 144.090 MHz	【AM/SSB】 144.250 ～ 144.500 MHz 【FM】 144.750 ～ 145.500 MHz
430MHz 帯	430.050 ～ 430.090 MHz	【AM/SSB】 430.250 ～ 430.700 MHz 【FM】 432.100 ～ 434.000 MHz

1200 MHz 帯以上はコンテスト周波数が決まっていない．バンドプランに従って運用する

「JARLコンテスト使用周波数帯」は表7-4のとおりです．コンテスト参加時は，この表をいつでも確認できるように手元に置いておきましょう．

7-3-2 コンテスト・ナンバーとは

通常の交信では，コールサインとRST（シグナル・レポート）の交換が交信成立に必要ですが，コンテストでは「**コンテスト・ナンバー**」というコードの交換が必要です．このナンバーは下記のように構成されており，各コンテストの特色を表現する「**マルチプライヤー**」も，このコンテスト・ナンバーに含まれることが多いのです．

例）ALL JAコンテストでのコンテスト・ナンバー

<u>59(9)</u> <u>27</u> <u>M</u>
 ①   ② ③

① RST（シグナル・レポート）
② 都府県支庁ナンバー
 27 = 兵庫県
③ 空中線電力を表す記号
 M = 出力が10 W（20 W）を超え100 W以下

この例のように，兵庫県内において出力50 Wで運用している局のコンテスト・ナンバーは「59(9) 27M」となり，これを交信相手に伝えます．また相手から「59(9) 101 H」と受信すれば，北海道の宗谷支庁から運用している100 Wを超える局，ということがコンテスト・ナンバーから分かります．
②の都府県支庁ナンバーを表7-5に示すので，コンテスト参加前に自分のナンバーを確認しておきましょう．③の空中線電力（送信出力）を表す記号は次のような意味を持っています．自局が運用中の送信出力に合わせてこの記号を送りましょう．

表7-5 都府県支庁ナンバー表

支庁		都府県						その他	
宗谷	101	青森	02	群馬	16	石川	30	大分	44	小笠原	48
留萌	102	岩手	03	山梨	17	岡山	31	宮崎	45		
上川	103	秋田	04	静岡	18	島根	32	鹿児島	46		
オホーツク	104	山形	05	岐阜	19	山口	33	沖縄	47		
空知	105	宮城	06	愛知	20	鳥取	34				
石狩	106	福島	07	三重	21	広島	35				
根室	107	新潟	08	京都	22	香川	36				
後志	108	長野	09	滋賀	23	徳島	37				
十勝	109	東京	10	奈良	24	愛媛	38				
釧路	110	神奈川	11	大阪	25	高知	39				
日高	111	千葉	12	和歌山	26	福岡	40				
胆振	112	埼玉	13	兵庫	27	佐賀	41				
桧山	113	茨城	14	富山	28	長崎	42				
渡島	114	栃木	15	福井	29	熊本	43				

H = 100 W超
M = 10 W(20 W)を超え100 W以下
L = 5 Wを超え10 W(20 W)以下
P = 5 W以下　　　　　　　　　　　　　　( )内は50 MHz以上のとき

　ALL JAコンテストでは②の数字が「マルチプライヤー」です．コンテストではこれをたくさん集めることがとても重要です．交信局数のポイントとは別の得点としてカウントします．
　②，③の数字や記号などの組み合わせは各コンテストによって異なり（JCC/JCGナンバーなど），それぞれのコンテストの特色となっています．

■ 7-3-3　コンテストのCQ呼び出し

　コンテスト期間中は，コンテストの参加を目的として運用している局だけでなく，コンテストに参加しない一般の交信を楽しむ局もたくさんあります．コンテストに参加している局かどうかを区別するために，CQを出す局は「CQコンテスト」または「CQ JAコンテスト」など，CQに「コンテスト」や「コンテスト名」を付けることが規約に書かれています．

■ 7-3-4　実際のコンテスト交信例

　バンドや開催経過時間帯によっても違いますが，コンテスト（競技）という目的のため，通常の交信とは違い，とても簡潔な交信内容となります．

電話での交信例

自局　：CQ JAコンテスト　こちらは　ジュリエット　リマ　スリー　ジュリエット　ロメオ
　　　　ヤンキー　JL3JRY　CQコンテスト　どうぞ
相手局：JL3JRY　こちらは　ジュリエット　アルファ　ワン　ヤンキー　チャーリー　クェベック
　　　　ポータブル　ワン(JA1YCQ/1)です　どうぞ
自局　：JA1YCQ/1　こちらから　5927M　です　どうぞ
相手局：QSL　こちらから　5910M　です　ありがとうございました
自局　：QSL　ありがとうございました　CQ JAコンテスト　JL3JRY　コンテスト

電信での交信例

自局　　：CQ JA TEST DE JL3JRY JL3JRY TEST
相手局：JL3JRY DE JA1YCQ/1
自局　　：JA1YCQ/1 UR 59927H BK
相手局：BK QSL TU UR 59910M BK
自局　　：QSL TU DE JL3JRY TEST

　いかがですか？　とても簡潔な交信ですね．混信がなく，コールサインやコンテスト・ナンバーが一度で受信できる場合，不必要な繰り返しを行わないのが，コンテストにおける交信の大きな特長です．
　上手なオペレーターや混信などがない場合は，30秒もかからずに1回の交信が終了してしまいます．上記のような交信形態は7MHzなど，特に呼ばれている場合のものです．実際には短い挨拶や「Good luck in the contest」など，お互いの健闘を讃える言葉を最後に添えることが多いでしょう．しかし，基本的に簡潔な交信形態ということに変わりはありません．

■ 7-3-5　交信記録（ログ）の作成について

　どんな形式でも構いませんが，コンテスト期間中は交信記録（ログ）を残す必要があります．記録が必要な内容は「運用バンドとモード」，「交信時間」，「相手局のコールサイン」，「コンテスト・ナンバー」です．
　ただし，コンテストの参加書類を主催者に提出するときには，規定のコンテスト用紙（ログシート）を使用しなければなりません．交信時に残したログを，この規定の用紙に写し替えましょう．
　またコンテストでは，一つのバンドでの重複交信が得点として認められません．同じ局と同じバンドで2回以上交信することを「デュープ」と呼びます．デュープは時間のロスになり，相手局に迷惑をかけてしまいます．そうならないように，2度目の交信であるかどうかの確認「デュープ・チェック」が欠かせません．多数の局と交信する場合，ログの作成と同時に，デュープ・チェック・リストを作る必要があります．

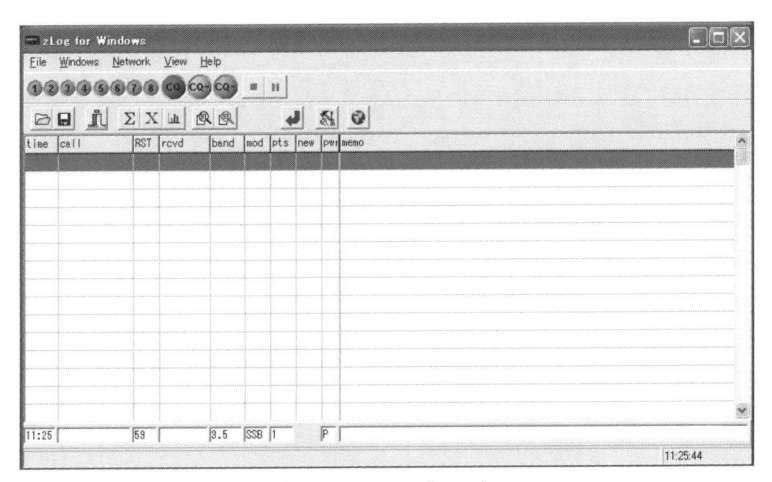

写真7-2　コンテスト用ロギング・ソフトウェア「zLog」
コンテスト中のログ管理からログの提出までさまざまなサポートをしてくれる便利なソフトウェア．

しかし最近では，パソコンのコンテスト専用ソフトウェア(zLog，Ctestwinなど，**写真7-2**)を活用して，ログを記録することが一般的になってきました．これらを使うと，ログの作成とデュープ・チェックを瞬時に行ってくれるので，とても便利です．

7-4　コンテスト終了！ 書類の提出について

コンテスト開催時間が終了すると，今までお祭り騒ぎだったバンドが一斉に静かになります．しかし，コンテストの交信終了時間がコンテスト終了ではありません．コンテストでの交信記録を集計し，開催者へ締め切り期限内に「コンテスト・ログ」という書類を提出しなければなりません．コンテスト・ログを提出して，初めてコンテストに参加したと言えます．

コンテストでは，書類を1種目のみに提出できるのが一般的です．2種目以上に書類を提出した場合は，失格になると考えてよいでしょう．この点には特に注意してください．

7-4-1　提出する書類は2種類

コンテスト・ログには，「**サマリーシート**」(**図7-1**)と「**ログシート**」(**図7-2**)の2種類があり，コンテスト結果を提出する際には両方とも必要です．手書き用のJARL主催コンテスト「サマリーシート」「ログシート」は，JARL Webのコンテストのページのトップページからダウンロードできます(**写真7-3**)．インターネット環境がない方は，回りの方に協力してもらいましょう．

サマリーシートのサマリー(SUMMARY)とは「要約」という意味で，コンテスト・データなどを集計する要約シートです．このシートでは，参加者の情報や運用地，交信局数，マルチプライヤー数などのコンテスト結果ついて報告します．ログシートは運用バンド別に書類が必要なので，交信したバンドごとに交信記録を記載して報告します．

サマリーシートとログシートの書き方は**図7-1**と**図7-2**をご覧ください．

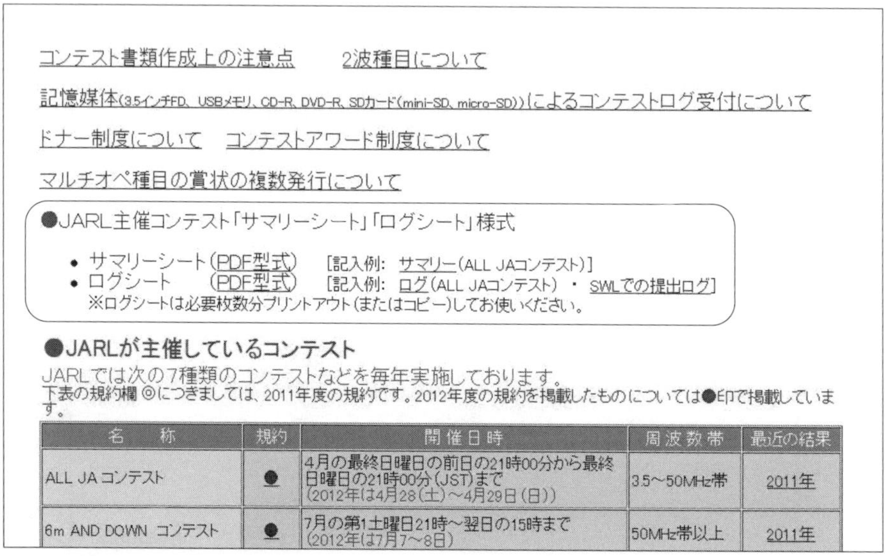
コンテスト書類作成上の注意点　　2波種目について

記憶媒体(3.5インチFD、USBメモリ、CD-R、DVD-R、SDカード(mini-SD、micro-SD))によるコンテストログ受付について

ドナー制度について　コンテストアワード制度について

マルチオペ種目の賞状の複数発行について

●JARL主催コンテスト「サマリーシート」「ログシート」様式

- サマリーシート(PDF型式)　[記入例:　サマリー(ALL JAコンテスト)]
- ログシート　(PDF型式)　[記入例:　ログ(ALL JAコンテスト)・SWLでの提出ログ]

※ログシートは必要枚数分プリントアウト(またはコピー)してお使いください。

●JARLが主催しているコンテスト

JARLでは次の7種類のコンテストなどを毎年実施しております。
下表の規約欄◎につきましては、2011年度の規約です。2012年度の規約を掲載したものについては●印で掲載しています。

名　称	規約	開催日時	周波数帯	最近の結果
ALL JA コンテスト	●	4月の最終日曜日の前日の21時00分から最終日曜日の21時00分(JST)まで (2012年は4月28(土)～4月29日(日))	3.5～50MHz帯	2011年
6m AND DOWN コンテスト	●	7月の第1土曜日21時～翌日の15時まで (2012年は7月7～8日)	50MHz帯以上	2011年

写真7-3　JARL主催コンテスト「サマリーシート」「ログシート」ダウンロードページ
手書きでコンテスト・ログを提出するときにはここから（カコミ内）ダウンロードして使用する

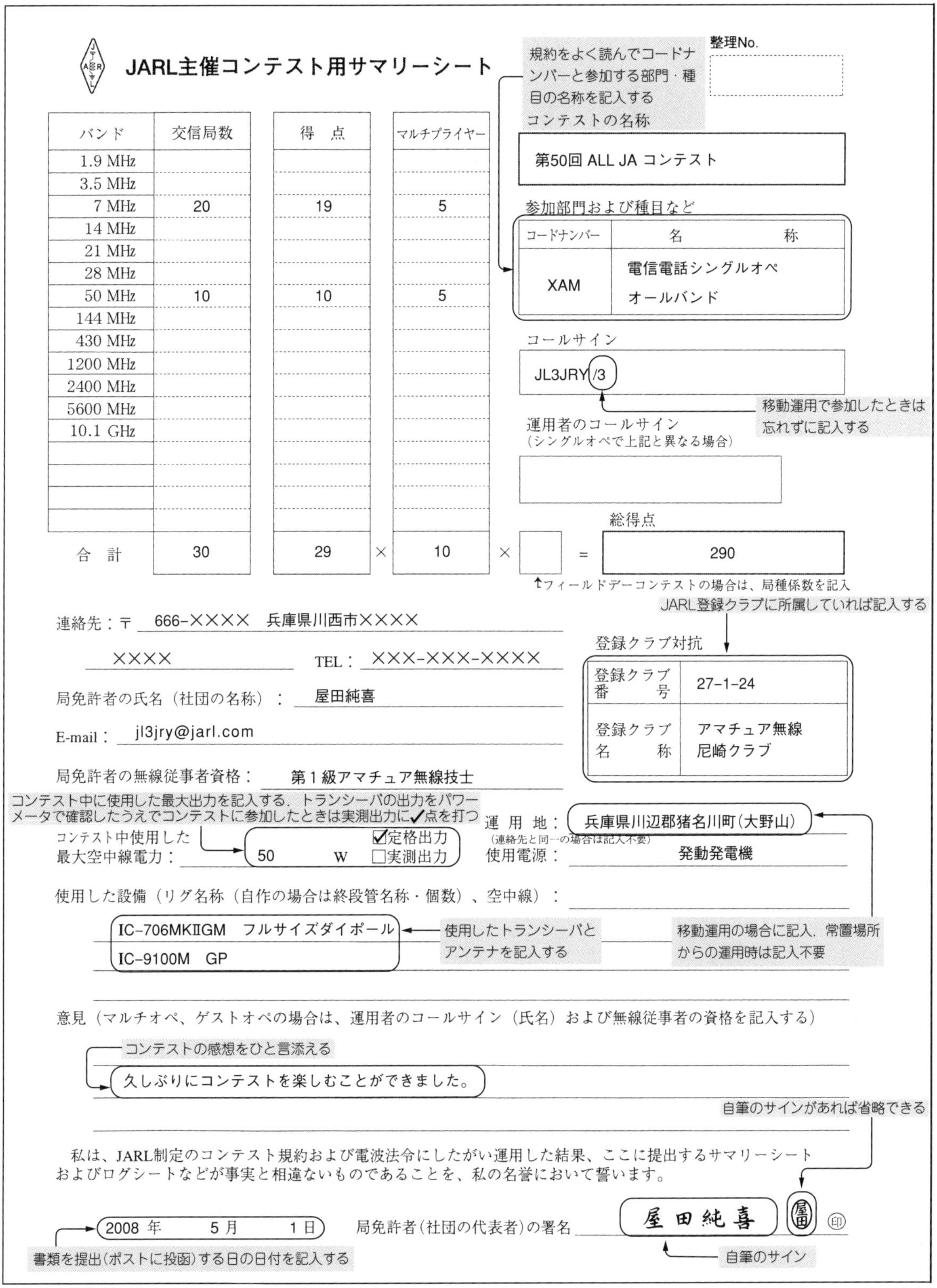

図7-1 サマリーシートの書き方の例

JARL主催コンテスト用サマリーシート

バンド	交信局数	得点	マルチプライヤー
1.9 MHz			
3.5 MHz			
7 MHz	20	19	5
14 MHz			
21 MHz			
28 MHz			
50 MHz	10	10	5
144 MHz			
430 MHz			
1200 MHz			
2400 MHz			
5600 MHz			
10.1 GHz			
合計	30	29	10

整理No.

規約をよく読んでコードナンバーと参加する部門・種目の名称を記入する

コンテストの名称: 第50回 ALL JA コンテスト

参加部門および種目など

コードナンバー	名称
XAM	電信電話シングルオペ オールバンド

コールサイン: JL3JRY/3 ← 移動運用で参加したときは忘れずに記入する

運用者のコールサイン（シングルオペで上記と異なる場合）:

総得点: 29 × 10 × = 290

↑フィールドデーコンテストの場合は、局種係数を記入

JARL登録クラブに所属していれば記入する

登録クラブ対抗

登録クラブ番号	27-1-24
登録クラブ名称	アマチュア無線尼崎クラブ

連絡先：〒 666-×××× 兵庫県川西市××××
　　　　　××××　　TEL：×××-×××-××××

局免許者の氏名（社団の名称）： 屋田純喜

E-mail： jl3jry@jarl.com

局免許者の無線従事者資格： 第1級アマチュア無線技士

コンテスト中に使用した最大出力を記入する。トランシーバの出力をパワーメータで確認したうえでコンテストに参加したときは実測出力に✓点を打つ

コンテスト中使用した最大空中線電力： 50 W　☑定格出力　□実測出力

運用地： 兵庫県川辺郡猪名川町（大野山） ← 移動運用の場合に記入、常置場所からの運用時は記入不要
（連絡先と同一の場合は記入不要）

使用電源： 発動発電機

使用した設備（リグ名称（自作の場合は終段管名称・個数）、空中線）：
- IC-706MKⅡGM　フルサイズダイポール ← 使用したトランシーバとアンテナを記入する
- IC-9100M　GP

意見（マルチオペ、ゲストオペの場合は、運用者のコールサイン（氏名）および無線従事者の資格を記入する）

コンテストの感想をひと言添える
→ 久しぶりにコンテストを楽しむことができました。

自筆のサインがあれば省略できる

私は、JARL制定のコンテスト規約および電波法令にしたがい運用した結果、ここに提出するサマリーシートおよびログシートなどが事実と相違ないものであることを、私の名誉において誓います。

2008 年　5 月　1 日　局免許者（社団の代表者）の署名　屋田純喜 ㊞

書類を提出（ポストに投函）する日の日付を記入する　　自筆のサイン

LOG SHEET (ログシート)

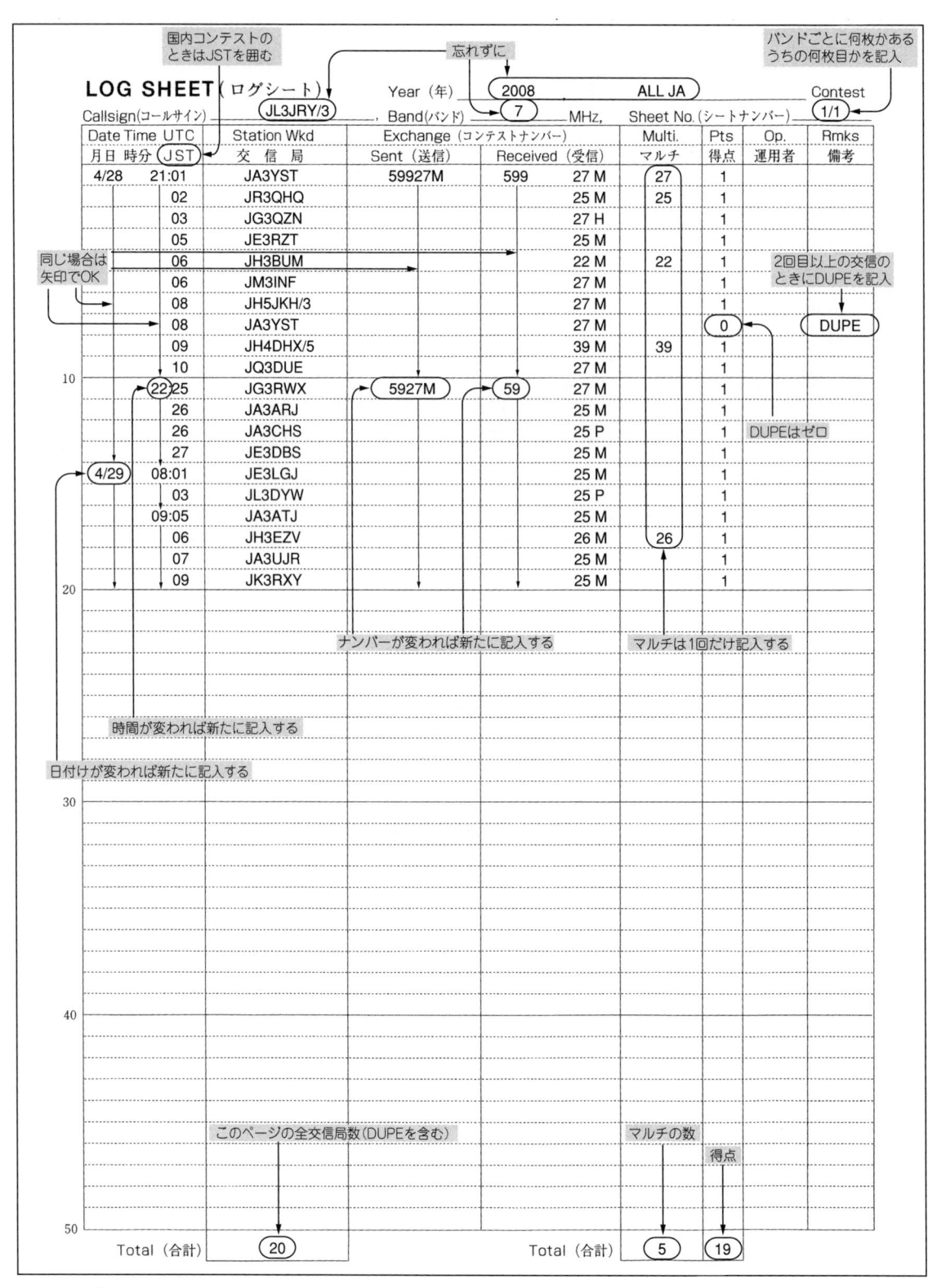

注釈:
- 国内コンテストのときはJSTを囲む
- 忘れずに
- バンドごとに何枚かあるうちの何枚目かを記入
- 同じ場合は矢印でOK
- 2回目以上の交信のときにDUPEを記入
- DUPEはゼロ
- 日付けが変わればに新たに記入する
- 時間が変われば新たに記入する
- ナンバーが変われば新たに記入する
- マルチは1回だけ記入する
- このページの全交信局数（DUPEを含む）
- マルチの数
- 得点

Callsign (コールサイン): JL3JRY/3　　Band (バンド): 7 MHz,　　Year (年): 2008　　ALL JA　　Sheet No. (シートナンバー): 1/1　　Contest

Date 月日	Time 時分	UTC (JST)	Station Wkd 交信局	Exchange (コンテストナンバー) Sent（送信）	Received（受信）	Multi. マルチ	Pts 得点	Op. 運用者	Rmks 備考
4/28	21:01		JA3YST	59927M	599　27 M	27	1		
	02		JR3QHQ		25 M	25	1		
	03		JG3QZN		27 H		1		
	05		JE3RZT		25 M		1		
	06		JH3BUM		22 M	22	1		
	06		JM3INF		27 M		1		
	08		JH5JKH/3		27 M		1		
	08		JA3YST		27 M		0		DUPE
	09		JH4DHX/5		39 M	39	1		
	10		JQ3DUE		27 M		1		
	22:25		JG3RWX	5927M	59　27 M		1		
	26		JA3ARJ		25 M		1		
	26		JA3CHS		25 P		1		
	27		JE3DBS		25 M		1		
4/29	08:01		JE3LGJ		25 M		1		
	03		JL3DYW		25 P		1		
	09:05		JA3ATJ		25 M		1		
	06		JH3EZV		26 M	26	1		
	07		JA3UJR		25 M		1		
	09		JK3RXY		25 M		1		

Total (合計): 20　　　　Total (合計): 5　　19

図7-2　ログシートの書き方の例

■ 7-4-2　コンテストの得点およびマルチプライヤーの計算方法について

・得点について

　JARL 4大コンテストでは，完全に行われた交信を1点とします．同一バンドにおける同一局との重複交信は，交信したときの電波型式が異なっていても得点に計上できないので注意してください．重複交信を行ってしまったときは，その交信もログシートに記載し，得点欄には0（ゼロ），備考欄にはDUPEと記入します．

・マルチプライヤーについて

　ALL JAコンテストでのマルチプライヤー（以下マルチ）は，コンテスト・ナンバーの交換が完全に行われた交信で，かつ異なる都道府県との交信を1点とします．ただし，得点となるマルチは1バンドにつき1回で，重複するマルチは得点の計上ができません．

・総得点の計算方法について

　総得点の計算方法は基本的に**得点×マルチプライヤー＝総得点**という計算方法になります．つまり高得点を目指すには，多くの局と交信するだけでなく，マルチプライヤーを意識することも重要です．

　例えば，5局すべて同じ都府県支庁（同じマルチプライヤー）と交信したときの総得点は〔5×1＝5点〕という結果になりますが，3局との交信で，二つの違う都府県支庁（2マルチ）と交信した場合は〔3×2＝6点〕となり，5局1マルチと交信した結果よりも高得点となります．これは，交信局数が増えれば増えるほど，1マルチの重みが増すことを意味します．

　シングルバンドとマルチバンドでの総得点の計算方法は次のとおりです．

〈シングルバンドで参加した場合の計算方法〉
バンドにおける得点の和　×　マルチプライヤーの和　＝　総得点
50 MHzシングルバンドで6局（6点），1都4県（5マルチ）と交信したときは
6×5＝30点

シングルバンド

MHz	得点	マルチ
50	6	5

〈マルチバンドで参加した場合の計算方法〉
各バンドの得点の和　×　各バンドのマルチプライヤーの和　＝　総得点
3.5 MHzで10局 5県，7 MHzで5局 3府県，21 MHzで20局 10都道府県と交信したときは
$(10＋5＋20)×(5＋3＋10)＝630点$

マルチバンド

MHz	得点	マルチ
3.5	10	5
7	5	3
21	20	10
	計	18

■ 7-4-3　電子ログでらくらく提出

　現在は，zLog（**写真7-2**）やCtestwinなどの，コンテスト用ソフトウェアを使ってコンテストに参加する局がほとんどです．そして，9割以上の局が電子メールを中心とした電子ログでコンテスト書類を提出するようになりました．

　提出するコンテスト書類は，従来の郵送による提出方法である「**紙ログ**」と内容的には変わりません．ただ，電子化されたログは主催者にとっては正しい集計がしやすいというメリットがあり，JARL主催コンテストでは電子ログでの提出が強く推奨されています．電子ログでの提出方法は，JARLのWebページJARL Web内のコンテストのページ（**http://www.jarl.org/Japanese/1_Tanoshimo/1-1_Contest/Contest.htm**）を参考にしてください．しかし，コンテスト・ビギナーの皆さんは，まず基

本である「紙ログ」での記載方法を，しっかりと理解してください．

7-5 コンテストを楽しむポイント

これまで，コンテストに必要なルールなどを中心に説明してきました．せっかく参加するならできる限りコンテストを楽しみたいものです．そんなコンテスト・ビギナーが，コンテストをより楽しむためのポイントを紹介します．

7-5-1 コンテスト規約をよく理解しよう

まず得点となる対象の局は何であるかを確認することが重要です．多くの地方コンテストでは，開催地域の特色を生かすため，その地域以外の局同士の交信は得点にならないというルールを採用しています．

またコンテストによって，送信するコンテスト・ナンバーも異なります．自分が送るコンテスト・ナンバーを間違いなく確認することも重要です．併せて，相手局から送られてくるコンテスト・ナンバーも理解しておきましょう．相手局からどのようなコンテスト・ナンバーを送ってくるかが分かっていれば，コピーしやすくなります．

コンテスト規約には，マルチプライヤーの内容が書かれています．都道府県？ 市郡区？ 市町村？ それ以外の場合もあります．これらをよく理解することで，どのようにマルチを増やすべきか作戦をたてることができます．

7-5-2 呼ぶことから始めよう

コンテスト・ビギナーは，CQを出している局を呼ぶことから始めましょう．最初の内はコンテスト・ナンバーを一度でコピーするのは難しいものです．上位入賞を狙っている局にとっては，1分1秒のロスが勝敗を分けることにもつながります．コールサインやコンテスト・ナンバーの聞き直しは，効率良い交信の妨げになってしまいます．

そこで，コンテストに慣れるまでは，他の局との交信をよく受信し，コールサインとコンテスト・ナンバーを先に控えておいてから呼び出すのも一つの方法です．もちろん，呼びに回っているばかりではなかなか交信局数は伸びません．慣れてきたら，勇気を出してCQを出すのも大きな選択です．

7-5-3 日頃から運用バンドの特長をつかむ

朝・昼・晩，時間によってバンドのコンディションは刻々と変化します．7 MHzを例に上げて説明しましょう．

このバンドは，日の出とともに国内向けのコンディションが上昇し，日中は日本全国と交信できます．そして夕刻になるにつれ，近距離がスキップするようになり，交信できる最短距離が次第に遠くなります．夜はDXバンドとなり，国内は直接波などによる近場の局しか聞こえなくなります．

この時間帯による交信距離の変化を日頃から把握しておくと，時間帯ごとに効率良く交信できる地域が分かり，結果として全国の局と交信できることになります．

またこれは，電離層を使った短波帯に限ったことではありません．430 MHz帯でも，早朝のグラウンド・ウェーブや時間帯による運用局の増減を日頃から意識していると，効率的な得点アップが目指せま

写真7-4 小規模のアンテナでコンテストに参加
写真は50 MHz用2エレメントHB9CVアンテナ．このような小さなアンテナでも上位入賞が可能．

す．そして，日頃からアクティブに運用していれば，知り合いの局が応援のために呼んでくれることも期待できます．

■ 7-5-4 大きなアンテナ・高出力が入賞の条件ではない

過去のコンテスト結果を見ればあきらかなのですが，固定局よりも移動局のほうが，はるかに高得点で入賞している場合が多くあります．珍局を呼ぶのであれば差が出る設備の差も，コンテストという条件なら，この差を大きく縮めることができます．

もう一度コンテストの計算方法を思い出してください．コンテストは単に多くの局数と交信するだけでは高得点は目指せません．多くの地域と交信するマルチプライヤーの得点を考えると，ロケーション（見晴らし）が良い場所での移動運用はとても有効です．小さなアンテナ（**写真7-4**）に小さなパワーであっても，平地のビッグ・ステーションにも勝る条件として期待できます．

また，車では行けない，さらにロケーションが良い場所に，バッテリと簡単な設備だけを持って移動しても高得点が期待できます．富士山へのコンテスト移動運用などが代表的な例です．つまり，いかに広範囲，かつ多くの局と交信するかがコンテストでは重要なのです．

■ 7-5-5 コンテストは体力・忍耐・機敏な判断力が重要

限られたコンテスト期間といっても，24時間に及ぶコンテストも多く，やはり体力が必要です．また，眠くなる深夜においても，忍耐の運用で少しずつでも得点を重ねることは重要です．しかし，肝心のコンディションが上昇した昼間に眠気が来ているようでは，入賞が遠のいてしまいます．割り切った睡眠や力の配分をコンディションで判断するなど，機敏な判断力がコンテスト入賞への近道となります．

7-6　海外局が相手のコンテストにも参加してみよう

　これまで，交信相手が国内局であるコンテストを紹介しましたが，DX（国外）局が交信相手となるDXコンテストも数多く開催されています．

　JARLが主催するものとして「ALL ASIAN DXコンテスト」があります．これはアジアの局は全世界の局が交信対象，それ以外の地域はアジア地域のみが交信対象という，アジア中心のコンテストです．DX局と交信する大きなチャンスです．

　また，海外の団体が主催するコンテストでは書類の提出先も当然外国です．英語で書類を書かなくてはなりません．けれどもALL ASIAN DXコンテストは書類の提出先がJARLなので，国内コンテストと同じ感覚で参加できます．初めて参加するDXコンテストにはちょうどよいでしょう．

　DXコンテストでは，コンディションが良い時にアンテナを日本から真北に向ければ，北米とヨーロッパが同時に聞こえてくる場合があります．このようなコンディションのときは，まさに世界を感じながら交信する雰囲気が味わえます．

　DXコンテストでは，コールサインとコンテスト・ナンバーさえ理解できれば交信できます．英語が苦手な方も積極的に参加してはいかがでしょうか．

7-7　楽しくコンテストに参加しよう

　CQを出したとたん，たくさんの局に呼ばれる「パイルアップ」は，アマチュア無線を行う楽しみの一つですが，コンテストに参加するとパイルアップを受けることがよくあります．ときには，このパイルアップの状態が長時間続き，1時間に120局を超えるペースで交信したり，一晩のコンテストで1,000局を超えるなど，まさにコンテストはアマチュア無線の楽しみの醍醐味の一つです．次から次へと呼ばれ続けるのは気持ちが良いものです．

　しかし世の中には，競技という名が付いたとたんわれを忘れて熱中してしまう人がいます．もちろん，競技には勝敗という結果が出るので自然と熱くなるのは当たり前なのですが，規定以上の高出力や強引な周波数独占などはフェアでありません．

　コンテストとはいえ，アマチュア無線は人とのコミュニケーションが目的の世界です．コンテストが終わってからも，お互いのコンテスト結果を讃え合うことができる，そんなフェアで楽しいコンテストを目指すことが，アマチュア無線を楽しむうえで重要だと思います．

第08章

モチベーションの維持におおいに役立つ

アワードを楽しもう

JA3DBD　宮本 荘一 *Souichi Miyamoto*

　アワードは自分がこれまで交信してきた実績を形として表現してくれます．また，アワードの取得を目指せば，交信する目標を持つことができます．アマチュア無線を息永く楽しむために，アワードに挑戦してみませんか．

■ 8-1　アワードを楽しんでみませんか

■ 8-1-1　アマチュア無線の世界へようこそ

　以前，学校の同窓会の自己紹介で「私は趣味でアマチュア無線をやっています」と言うと，「ああ，車にアンテナを付けて走っているアレですね．走りながら連絡が取れて便利でしょうね」とよく返答されたものです．あれから20年近く経ち，世間はすっかり変わりました．

　「便利」なアマチュア無線はその主役の座を携帯電話に譲り，「便利」なものとして使っていた人はどんどんアマチュア無線を辞めていきました．その結果，一時は200万人近くいた日本のアマチュア無線人口は，今では約50万人ほどに減少してしまいました．それにつれて，アマチュア無線を楽しむ人の年齢構成も大きく変わり，以前は10代にあったピークが，ずいぶんと高い層へ移ってしまいました．

　ではアマチュア無線は面白くなくなったのでしょうか？　通信手段としての便利さなら，免許もいらず買えばすぐに使える携帯電話に分があります．また技術面では，パソコンやロボットに代表される，コンピュータの世界が中学生や高校生の夢を受け入れる場所となっています．

　しかし，アマチュア無線は健在です．一時より局数こそ少なくなりましたが，その魅力は色褪せていません．マイクを握りあるいは電鍵を叩いてCQを出せば，世界中のどこから呼ばれるか分からないというスリルは，匿名が横行するインターネットの世界とは違った，リアルな世界が楽しめます．

■ 8-1-2　目標を持ってアマチュア無線を楽しみましょう

　アマチュア無線を長い間続けていると時としてマンネリに陥り，何か刺激が必要な場合があります．そんなときは，何か目標を持ってみてはいかがでしょう．

　一定期間にたくさんの局と交信したいと思えば，毎週のように開催されているコンテストに参加すればいいでしょう．もっと進んで，日本の全エリアと交信するとか，全都道府県と交信することを目標にするのもいいでしょう．それが達成できたときには，成果を証明してくれる「**アワード**（証明書）」が取得できます．このアワードを集めることが，アマチュア無線の楽しみの一つとなるかもしれません．

8-2 アワードとは

8-2-1 アワードは交信実績の証明書

　アマチュア無線のアワードを一言で説明すると，交信実績によって贈られる賞状とか証明書のようなものです．

　アマチュア無線では，交信するとお互いに交信証（QSLカード）を交換します．これは「あなたと交信しました」という証明書です．アクティブに交信すれば，QSLカードはどんどん溜まり，そのうちに1,000枚，2,000枚と増えていくでしょう．そのQSLカードを見て，自分は日本の全都道府県の局と交信しただろうか？　世界のいくつの国と交信できただろうか？　などと考えたとき，それをきちんとした証として残したいと思いませんか．それがアワードなのです．

8-2-2 アワードを取得するまでの流れ

　アワードにはそれぞれルールが定められており，そのルール通りの交信を達成することによって取得できます．ここに一つ例を挙げて説明しましょう．

　日本アマチュア無線連盟では「**AJD**（All Japan District）」というアワードを発行しています．日本国内の10コール・エリアから運用するアマチュア局と交信（SWLは受信）し，QSLカードを各1枚得るというルールです．日本の場合，コールサインの前から3番目の数字がコール・エリアを示していますから，1〜Øまでの10局と交信しQSLカードを得ればいいわけです（7Kや7L，7M，7Nで始まるコールサインの局は1エリア局と見なす）．

　交信相手のQSLカードですが，JARL会員なら2か月に1度QSLビューローから届くので，10枚そろうまでにはそれなりの期間がかかるかもしれませんが，気長に待ちましょう．QSLカードがそろったら申請書に記入し，手数料を同封してJARL事務局のアワード係へ申請します．半月ほどすると**写真8-1**のようなアワードが到着します．このような手順を踏んで，1枚のアワードが獲得できます．

　世の中にはアワードの種類が無数にあるといってよいでしょう．日本国内だけでも500種類以上あるのではないかと思います．CQ ham radio誌やJARL Newsなどを見ても，毎月のように新規発行のアワー

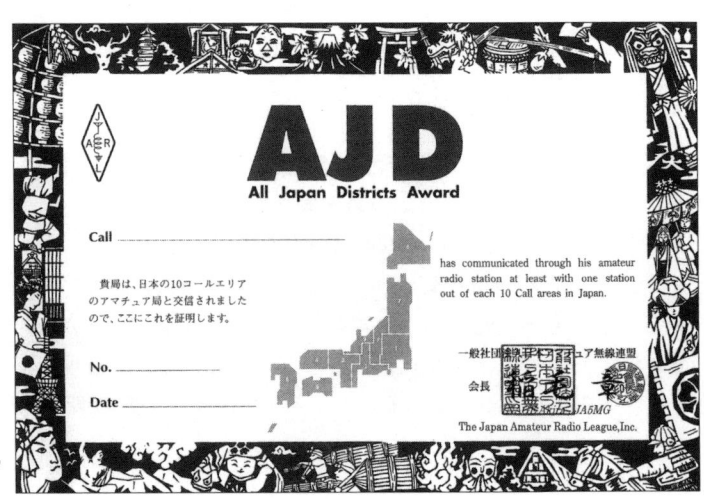

写真8-1
AJD
VHF帯以上での取得は難易度が高いが，HF帯で交信するなら難易度は低い．

ドが紹介されています．アワードの発行者は日本アマチュア無線連盟(JARL)やJARLの支部，一般の無線クラブ，そして個人などさまざまです．

8-3 さまざまな種類があるアワード

8-3-1 アワードはルールによっていくつかの種類に分けられる

一口にアワードといっても，いろいろな種類があります．そこで，分かりやすいようルールごとにアワードを分類してみましょう(**表8-1**)．例は代表的なものです．

① **たくさんの地域を集めるもの**

先に紹介したAJDや日本の全都道府県と交信する「**WAJA**」，日本の各市と交信する「**JCC**」，世界の6大陸のアマチュア局と交信する「**WAC**」などがこれにあたります．

② **特定の地域ばかりを集めるもの**

特定の地域と交信することを目的としたアワードもあります．北海道の局を44局集める「**88-JA8/2**」，京都府の最低10地域と交信する「**京都全市全郡賞**」などがこれにあたります．全市全郡賞はほかの県にもたくさんあります．

③ **特定の局，特定のクラブ員を集めるもの**

交信相手局が決められているもの，特定のクラブのメンバーとの交信が有効であるというルールのアワードもあります．

女性のハム(YL)10局と交信する「**YL-10局賞**」，JARLが開設する局ばかり集める「**JARL Stations AWARD**」，ACC(The International Award Chasers Club)のメンバー局10局と交信する「**ACC10局賞**」，JAG(JAPAN AWARD HUNTERs GROUP)発行で，JAGのメンバー25局と交信する「**サムライアワード**」などがこれにあたります．

④ **集めた局のコールサインの一文字で特定の言葉をつづるもの**

これはスペル・アワードと呼ばれるもので，とても多くのアワードがこのルールを採用しています．

表8-1 アワードのおもな種類(本書に掲載のもの)

交信対象	名　称	交信局およびルール
たくさんの地域	WAJA	日本の全都道府県
	JCC	日本の各市
	WAC	世界の六大陸
特定の地域	88-JA8/2	北海道の局を44局
	京都全市全郡賞	京都府の最低10地域
特定の局，特定のクラブ員	YL-10局賞	女性のハム(YL)10局
	JARL Stations AWARD	JARL開設局
	ACC10局賞	ACC(The International Award Chasers Club)のメンバー10局
	サムライアワード	JAG(JAPAN AWARD HUNTERs GROUP)のメンバー25局
コールサインの最終文字で特定の言葉をつづる	とちぎアワード注	コールサインの最後の文字で「TOCHIGIAWARD」とつづる
多数の局との交信	50MHz-100	JARL発行．50MHz帯で100局以上と交信する
	144MHz-100	JARL発行．144MHz帯で100局以上と交信する
	JCA	JAIA発行．コールサインの下位1～3桁で異なるサフィックスを集める
	テントリアワード	ACC発行

注：発行終了

「とちぎアワード」のクラスCは，コールサインの最後の文字で「TOCHIGIAWARD」とつづることができれば完成します．このようなスペル・アワードはビギナー向けと言えるでしょう．

⑤ ともかくたくさんの局と交信するもの

アワードには多くの局と交信すれば完成するというものもあります．JARL発行の「**50MHz-100**」や「**144MHz-100**」，JAIA（日本アマチュア無線機器工業会）が発行する，異なるサフィックス（コールサインの下1～3桁）をたくさん集める「**JCA**」，ACCの「**テントリアワード**」などがこれにあたります．

以上，アワードを5種類に分類してみましたが，いくつかの複合型や，どの分類にも属さないようなものも存在します．

■ 8-3-2　美しいデザインのアワードもある

観点を変え，今度はアワードのデザインに注目してみましょう．アワードのデザインには，美しい写真や絵を使ったものがあります．また，表彰状タイプのシンプルなものもあり，これは海外局に人気があるようです．

きれいなアワードをシャックに飾りたいと思ったなら，富士山の素晴らしい写真でデザインされた「**山梨全市全郡賞**」や美しい岬の航空写真の「**地球岬アワード**」，日本画風の「**京都全市全郡賞**」（**写真8-2**）などはいかがでしょうか．

● 京都全市全郡賞

発行者：京都クラブ

ルール：**クラスWS**…任意の異なるシングルバンド・クラスEXを5組完成する

　　　　クラス S…任意の異なるシングルバンド・クラスEXを3組完成する

　　　　クラスEX…京都府下の15市6郡11区の局と交信しQSLカードを得る

　　　　クラスAA…京都府下の15市6郡の局と交信しQSLカードを得る

　　　　クラス A…京都府下の全郡の局と交信しQSLカードを得る

　　　　クラス B…京都府下の全市の局と交信しQSLカードを得る

　　　　クラス C…京都府下の任意の10地区の局と交信しQSLカードを得る

注：JA3YAQ，JE3YEK，京都クラブ員のQSLカードは1申請に1地区分のみ代用できる．

申請：GCR＋800円（B/Pは300円※）クラスWS，Sは特別賞で申請無料．1バンドずつEXを申請後，2バンド目EXを申請時に申請書を請求．

〒617-8691　京都府向日市向日町郵便局私書箱21号　橋本　正　JA3OIN

※ B/PとはBlind/Paralyzedの略で視力や体力の障害がある方

写真8-2　京都全市全郡賞
日本画風の美しいアワード．クラスCなら京都コンテストに参加すれば1日でも完成．

8-4　どんなアワードを目指せばいいのか

8-4-1　HF帯ならJCC100からスタート

はじめはどんなアワードを目指せばいいのでしょうか．周波数にもよりますが，HF帯（短波帯）なら，まずは日本の100市と交信する「JCC 100」（**写真8-3**）を目指すとよいでしょう．

交信の方法は，局を選ばず手当たり次第に交信していくのか，それとも目標の局を探して1局ずつ交信していく方がよいのか迷うところです．しかし，最初から目標の局を探して地道に交信していくという方法は結構骨が折れるものです．

交信局数を重ねてQSLカードが手元に届くようになると，JCC-100の完成が近づいてきます．しかし，重複があったり，QSLカードの到着が遅くなる局もあるので，100市からQSLカードが届くころには少なくとも倍の200局くらいと交信していることでしょう．100市を越えるQSLカードが集まったら，JCC100以外に，AJDも完成しているかもしれません．AJDも一緒に申請できます．

しかし，AJDには少し足りないかもしれません．仮にもし8エリアだけが未交信であれば，バンド内をワッチ（注意して聞く）して8エリアの局を探して交信するという方法も悪くありません．たくさんの8エリアの局と交信すると，早目に発送してくれる局もあるはずなので，QSLカードが早く届く確率も高くなります．そして，JCCの数も一緒に増やしましょう．

8-4-2　HF帯では交信できるエリアが大きく変化する

ここでHF帯において，交信したい地域の局を探すコツをお教えしましょう．筆者が住んでいる3エリアで7 MHzを聞いていると，昼間に2エリアや4エリアなどの比較的近距離が聞こえているときは，8エリアなどはあまり聞こえません．逆に夕方遅くになって近距離が聞こえなくなると（これをスキップという）7エリアや8エリア，ロシアの局なども聞こえてきます．

このようにHF帯では時間や季節によって聞こえてくる地域が異なります．また周波数が異なれば，聞

写真8-3
JCC-100
JCC-100はHF帯で運用するならぜひ目指して欲しいアワードの一つ．

こえてくる時間帯も異なります．実はこれがHF帯の特徴で，自分なりに周波数や時間を選んで珍局をゲットすることもアマチュア無線の醍醐味の一つです．

　HF帯では，いつ聞こえてくるのか分からない，どこから呼ばれるのか分からないという一種のスリルが味わえます．これは，電離層のできかたによって電波の伝わり方が異なることから起こります．短波は電離層と地表との間を跳ね返りながら遠くへ伝わります．電離層は時間によって発生する高さが変わるので，到達距離も異なり，聞こえる地域も変わってきます．何だか難しいようですが，慣れてくるとある程度の予想もできるようになります．むやみにワッチするのではなく，時間や周波数を選んで効率良く目的の局を探しましょう．

　またインターネット接続環境をお持ちの方は，JクラスタというWebページ(**http://qrv.jp/**)を一度ご覧になってください．現在運用中の局を知らせる掲示板があります．これを見ればどの地域と交信できるかが分かります．そして，目的の地域の局が出ているかどうかも一目で分かります．

■ 8-4-3　V/UHF帯では局数を集めるアワードがお勧め

　では，VHF帯やUHF帯ではどうでしょう．最初はJARLが発行する「**50MHz-100**」や「**144MHz-100**」(写真8-4)，「**430MHz-100**」などがお勧めです．こちらは単純にたくさんの局と交信するものです．まず，これらのバンドで200局くらいを目標に交信するとよいでしょう．

　V/UHF帯はHF帯ほどコンディションの変化はありませんが，それでも梅雨時のEスポ(電離層のうち最下層のE層による異常伝搬)シーズンには遠距離の局が強く入感することもあります．200局くらいと交信し，100局賞が申請できるころになれば，いくつかのスペル・アワードも完成していることと思います．これらも合わせて申請するとよいでしょう．

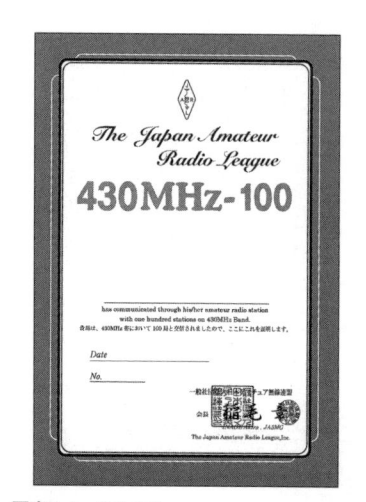

写真8-4　430-100
430MHzは運用局数が多いので難易度が低いアワードの一つ．

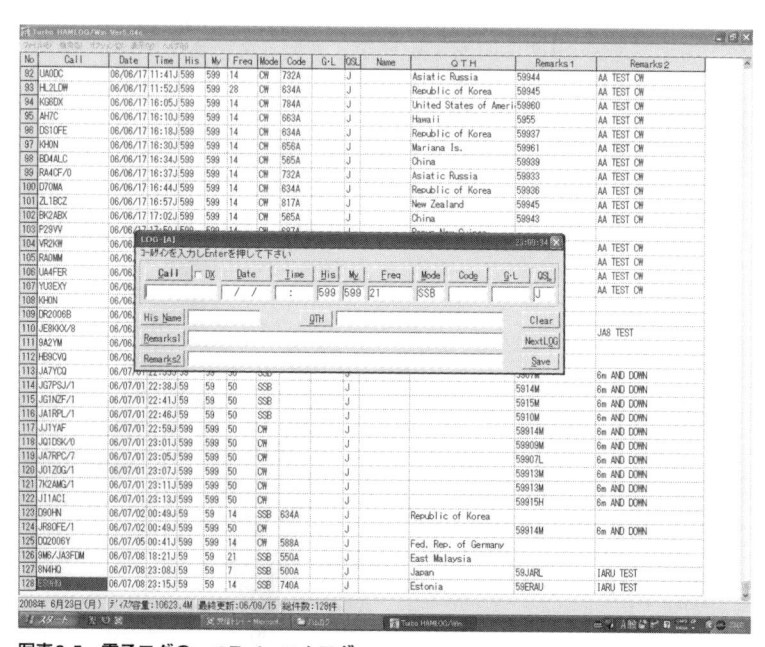

写真8-5　電子ログの一つTurboハムログ
多くのソフトウェアと連携しているため，お勧めのログ・ソフトウェア．

8-5　アワードの申請を行う方法について

8-5-1　電子ログの使用が便利
　皆さんはログ(業務日誌)を付けていますよね．ログを付けることは現在のアマチュア無線局にとって義務にはなっていませんが，アワードに挑戦しようとするなら，ぜひともログ付けを習慣にしましょう．それもできれば，「ハムログ」(**写真8-5**)などのコンピュータを使った電子ログがお勧めです．電子ログには検索機能が備えられています．これを使えばアワードの申請時に必要なデータが簡単に取り出せるため，非常に便利で重宝します．

8-5-2　アワードが完成しているかどうかを確認する
　アワードに興味をお持ちの皆さんは既にいくつかのアワード・ルールをお読みになっていると思います．ここで例として「とちぎアワード」(**写真8-6**)のルールを見てみましょう[注]．

● **とちぎアワード**
発行者：栃木SSB愛好会
ルール：**クラスA**…栃木県内全市全郡
　　　　クラスB…栃木県内全市または全郡
　　　　クラスC…テールレターで「TOCHI-
　　　　　　　　　　GIAWARD」とつづる
申　請：申請書(自己誓約書) + 500円
　　　　+ 定形外100g分の切手

写真8-6　とちぎアワード
とちぎアワードのC賞は文字を集めるスペル・アワード．現在栃木県内発行アワードはこれ一つ．

　ルールは単純明快ですね．クラスAは栃木県の全市全郡との交信．クラスBは全市または全郡との交信．クラスCは，任意の局のテールレター(最後の文字)でつづる，となっています．
　ここで一つ注意があります．このアワードのルールにはQSLカードの取得が必要とはどこにも書いてありません．QSLカードの取得は不要なのでしょうか？　いいえ，実は，アワードの世界では，QSLカードを取得していることが大原則なのです．つまり，アワードのルールにQSLカードについての記載がなければ，QSLカードの所持が必要ということです．最近は，交信のみで要件を満たし，QSLカードの取得は不要というアワードも増えてきましたが，その場合は必ず「**QSLカードの取得は不要**」または「**交信のみで可**」と記載されています．このアワードの場合も同様で，クラスCの完成に必要な12枚のQSLカードがそろっていなければなりません．参考までに，筆者の交信およびQSLカードの取得記録を**表8-2**に示します．
　これでアワードの交信条件が完成しましたね．さっそく申請書を作成しましょう．

注：このアワードはすでに発行を終了しているため申請できません．

表8-2 とちぎアワードの交信リスト

コールサイン	交信日	バンド	モード	テールレター
7M3HYT	2003.11.30	7 MHz	SSB	T
JI2MNO	2003.11.30	7 MHz	SSB	O
JA3PYC	2004.04.18	7 MHz	CW	C
JH5UPH	2004.01.13	10 MHz	CW	H
JJ1SLI	2004.01.03	10 MHz	CW	I
JE3OQG	2004.01.04	7 MHz	SSB	G
JH9YNI	2003.11.30	7 MHz	SSB	I
7K2XEA	2004.01.03	10 MHz	CW	A
JF2IWW	2003.11.30	10 MHz	CW	W
JR5BYA	2004.01.04	7 MHz	SSB	A
JA7KJR	2004.01.02	10 MHz	CW	R
JA5XPD	2004.09.12	7 MHz	SSB	D

■ 8-5-3　申請書を作成する

　図8-1は申請書とQSLカード・リストが別々になっているJARL様式の申請書です．これ以外にすべてが1枚になっている申請書もありますが，基本的に書き方は同じです．JARL様式といっても，JARL以外の団体や個人が発行しているアワードでも使用できます．

　では書き方です．
　① 申請者の郵便番号，住所，氏名，コールサインなどを記入します．電話番号も書いておきましょう．不備などがあったときに連絡をしてくれます．
　② 申請するアワード名やクラスがある場合はクラス名も記入します．
　③ 7 MHzだけで完成したとき，CWのみで完成したときなど，特別な条件でアワードを完成させたときにその旨を記載してもらえます．これを「特記」といい，同じアワードでも特記を変えて取得するなどすれば，何度でも楽しめます．
　④ JARL発行のアワードの場合，JARL会員なら申請料が半額になります．会員の方は必ずチェックを入れましょう．それ以外のアワードの場合は空欄で結構です．
　⑤ 同封する定額小為替などの金額を記載し，後の□にもチェックを入れておきます．
　⑥ この欄に自己誓約の署名をします．QSLカードを所持しており，請求に応じていつでも提出できるという誓約をします．JARLのアワードやACCのアワードはすべて自己誓約書で申請できますが，アワードによってはアマチュア局2局に申請書とQSLカードをチェックしてもらい，間違いないことを証明してもらうことが必要です．このことをアワードの世界では「**GCR**」と呼んでいます．GCRとは「General Certificate Rule」の略で，第三者にQSLカードの所持証明をしてもらうことを言います．

　かつては，2局によるGCR（QSLの所持証明）がアワードの世界では一般的でした．しかし，アマチュア局が近くにいないなどの理由で，最近では自己誓約書で申請できるアワードが増えてきています．GCR形式の申請書は「**アワードの本**」（後述）にデータとして収録されています．
　⑦ アワードの宛先の住所，氏名，コールサインなどを記入します．

　次にQSLカード・リスト（**図8-2**）の記入方法です．
　① 申請者のコールサインを記入します．
　② JCC，JCGの場合は相手局のJCC/JCG番号を記入します．それ以外は空欄で結構です．

#

アワード申請書

2008年　6月　1日

社団法人日本アマチュア無線連盟会長殿

申請者　コールサイン（准員ナンバー）JA3DBD

（ローマ字）MIYAMOTO　SOUICHI

氏　名（または社団名と代表者名）①　宮本　荘一　（宮本）㊞

住　所　〒583-××××　大阪府羽曳野市×××××××

連絡先電話　××××-××-××××

私は、以下のアワードをＪＡＲＬ制定のアワード規約の規定に基づいて申請します。

1 申請するアワードの名称	とちぎアワード ② □ アワード　□ ステッカー	希望する特記事項	① ② ③　③

2 この欄は、JCC-100・JCG-100・1200MHz-10・2400MHz-10・5600MHz-10・10GHz-10・24GHz-10・47GHz-10・75GHz-10・VU-1000・WASA-100・AJA-1000を超える各アワードを申請する場合に記入します。

既得のアワードの名称および発行番号	アワードの名称	発　行　番　号	AJA WASA ステッカー局数

3 この欄は、WACA・HACA・WAGA・HAGAの各アワードを申請する場合に記入します。

最終交(受)信年月日	最終交(受)信の都市番号または郡番号	楯：希望の有無
年　月　日		□有　□無

4 ＪＡＲＬ会員・非会員の別 ④ □会員 □非会員	5 ①申請手数料 500円・楯代＿＿＿＿円 ⑤ □JARLカード 番号＿＿＿＿＿＿　年　月迄有効 ☑定額小為替(別送) □郵便振替(通信欄に○○アワード申請料と明記してください)

<<ＱＳＬカードの誓約欄>>　このアワード申請にかかるＱＳＬカードリストに記載されているＱＳＬカードをわたし（申請者）が所持しており、かつ、そのリストの内容がＱＳＬカードの記載事項と相違ないことを誓約します。また、本申請にかかるこれらのＱＳＬカードの提出を求められたときは、速やかに提出します。

誓約年月日	コールサイン	申請者氏名（署名）
2008年 6月 1日 ⑥	JA3DBD	宮本 荘一

------------ 以下、アワードをお送りする際に使いますので、はっきり記入して下さい。 ------------

宛先
（〒　583　－　××××　）
大阪府羽曳野市×××××××
⑦　宮本　荘一 様

賞状在中につき折曲げ厳禁

コールサイン（准員ナンバー）
JA3DBD

図8-1　アワードの申請書の例

QSLカードのリスト（A）
(List of QSL cards)

コールサイン JA3DBD ①
(Callsign)

Page ___/___

都道府県 市郡番号 (No.)	コールサイン (Callsign)	交(受)信年月日 (Date)	周波数帯 (Band)	電波型式 (Mode)	備考 (大州,エンティティ,GL等) (Remarks)
②	7M3HYT	2003年11月30日	7	SSB	T
	J12MNO ③	2003年 ④月30日	⑤	SSB ⑥	⑦
	JA3PYC	2004年 4月18日	7	CW	C
	JH5UPH	2004年 1月13日	10	CW	H
	JJ1SLI	2004年 1月 3日	10	CW	I
	JE3OQG	2004年 1月 4日	7	SSB	G
	JH9YNI	2004年11月30日	7	SSB	I
	7K2XEA	2004年 1月 3日	10	CW	A
	JF2IWW	2003年11月30日	10	CW	W
	JR5BYA	2004年 1月 4日	7	SSB	A
	JA7KJR	2004年 1月 2日	10	CW	R
	JA5XPD	2004年 9月12日	7	SSB	D

図8-2　カード・リストの例

③ 相手局のコールサインを記入します．
④ 交信年月日を記入します．
⑤ 交信周波数帯を記入します．
⑥ 交信モードを記入します．
⑦ ここの記入が大切です．とちぎアワード クラスCを申請する場合は，この局がどの文字に該当するか，そのスペルの文字を記入します．

　これで記入が終わりました．最後に申請料として500円の定額小為替と定型外100g分の切手140円を同封します．いかがでしたか．申請は意外と簡単ですね．
　このJARL様式の申請書とカード・リストは，JARLのWebページからダウンロードができます．

　　URL：http://www.jarl.org/Japanese/1_Tanoshimo/1-2_Award/Award_Main.htm

　ときどき，「特定申請用紙が必要」とルールに書かれているアワードがあります．そのようなアワードはJARL様式の申請書では申請を受理してもらえません．そこで，そのアワード専用の申請用紙をSASE（返信用封筒に自分の住所と切手を貼ったものを同封する）で請求するか，あるいは発行者のWebページからダウンロードするなどの方法で入手しなければなりません．

8-6　アワードに有効な局を探そう

　アワードに有効な局を探すにはどうすればいいのでしょう．これは目的とするアワードによって異なりますが，そのいくつかを紹介しましょう．

8-6-1　コンテストに参加する

　アワードの種類のところで紹介しましたが，特定の地域を集めるアワードのためには，その地域のJARL地方本部や支部が主催するコンテストに参加することをお勧めします．このようなコンテストは，対象となる地域との交信がポイントとなるので，その地域からたくさんの局が参加しています．それで片っ端から交信していくのです．コンテストですから，交信は短く，非常に効率的です．コンテストの開催時期はCQ ham radio誌やJARL Newsに掲載されています．

8-6-2　クラブ主催のネットやロールコールに参加する

　多くのクラブがネットやロールコール注2を開催しています．クラブのメンバーとの交信がポイントとなるアワードはそのメンバーを探すのに意外と骨が折れますが，ネットやロールコールがいつ行われるかの情報があれば，問題解決です．
　例えば先に紹介したACCでは，毎週日曜日の朝に7MHzでネットを開催しています．また，「YL-10局賞」を発行するJLRSでは毎週金曜日にオンエア・ミーティングがあります．これらの情報は各クラブのWebページなどで紹介されているので，注意して探してみましょう．

注2：「ネット」，「ロールコール」とはクラブや愛好者が決められた時間と周波数に集まる，無線を使ったミーティングのこと．

■ 8-6-3　的確にコンディションをつかむ

　CQ ham radio誌にはHF帯コンディション予報が掲載されています．実はこれを知るために毎月同誌を購入している人もいるくらいです．内容はDX（海外）局との交信の可能性の予報で，世界のどの地域と何時ごろにどのバンドでどれくらいの確率で交信できるかが示されています．この電波伝搬予報を参考にして，どこの地域と交信できるかを予測しましょう．

　しかし，HF帯での運用経験を積むに従って，自分でもだいたいの予測ができるようになります．皆さんもぜひ経験を積んで運用に役立ててください．自分の予測が当たり，目標とする局と交信できたときの喜びは格別です．

■ 8-6-4　多くの局と交信する

　いつも決まった局とラグチュー（無線でおしゃべりすること）するのもアマチュア無線の楽しみの一つです．けれども，アワードを集めるには，たくさんの局と交信し，たくさんのQSLカードを集めることが必要です．そのためには，オールJAなどのコンテストに参加して，効率良く多くの局と交信する方法がとても有効です．中にはコンテストでのQSLカードを発行しない局もありますが，「アワード申請のためQSLカードの発行をお願いします」などと書いておけば，QSLカードの返信率は上がるはずです．

　また，電信にしか出ない局もあるので，4アマの方はぜひ3アマ以上に挑戦して，電信でもQSOできるようにしてください．交信相手がぐっと増えるはずです．

8-7　アワード情報の探し方

■ 8-7-1　アワードの本やインターネットを活用する

　アワードの収集を始めるのなら，まずJARLのWebサイト内にある「JARL発行アワードの紹介」ページをご覧ください（写真8-7，http://www.jarl.org/Japanese/1_Tanoshimo/1-2_Award/Award_Main.htm）．初心者向けからベテラン向けまで，さまざまなアワードが紹介されています．

　そのほかにも，グーグルなどの検索サイトで，「アマチュア無線　アワード」と入力するだけでたくさんの情報が検索できます．ただし，インターネット利用の欠点は情報が偏ることです．インターネット

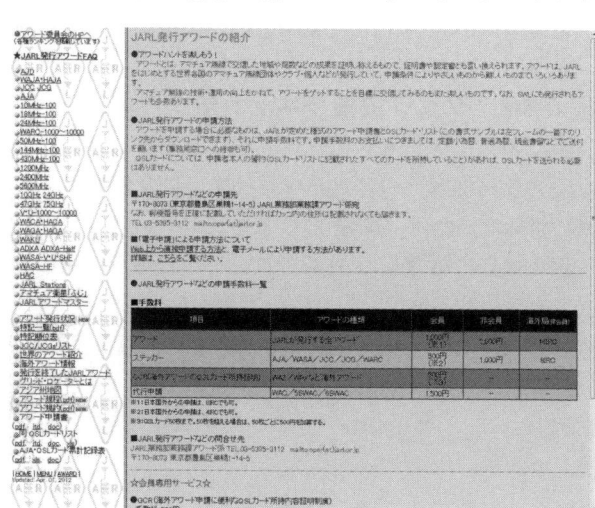

写真8-7
JARL Web内の「JARL発行アワードの紹介」のページ
JARLが発行するアワードは初心者でも簡単に完成するものからベテランでも何年もかかるものまで，さまざま．

の利用に積極的なアワード・マネージャー(アワードの発行管理者)がいる場合は詳しい情報が得られますが，インターネットにはまったく無関心なマネージャーも存在します．さらに，インターネットの情報には数年前の古い情報も一緒に含まれているので，それが新しいものかどうかを吟味することも忘れてはなりません．

次にCQ ham radio誌やJARL Newsなどのアワード紹介欄です．ここでは新規発行アワードや期間限定アワードのほか，既存アワードの申請先変更などの情報も掲載されている，とても貴重な情報源です．

■ 8-7-2　クラブに入会して情報を得る

アワード仲間との情報交換は非常に有効です．現在全国的なアワードハンターのクラブとしては「JAG(ジャパンアワードハンターズグループ)」と「ACC(インターナショナルアワードチェイサーズクラブ)」があります．どちらのクラブも，定期的に会報を発行してアワード情報を掲載したり，ホームページなどでもアワードの紹介をしています．また，年に1回の全国ミーティングも開催しているので，参加して交流することは非常に有益だと思います．

【全国的なアワード・クラブ】
ジャパンアワードハンターズグループ(JAG)
連絡先：〒225-0011　神奈川県横浜市青葉区あざみ野2-7-13
JAG事務局　野本　建夫　JO1WZM
URL：http://www.jarl.com/jag/

インターナショナルアワードチェイサーズクラブ(ACC)
連絡先：〒206-0001　東京都多摩市和田157-1--503
ACC入会事務局　多田　良平　7L3IUE
URL：http://www.jarl.com/acc/

8-8　パソコンを活用する

8-5-1で電子ログの話をしました．中でもJG1MOU 浜田さんが製作した「TurboHAMLOG」(ハムログ)は無料で使えるフリー・ソフトなので多くの人が利用しています．このソフトウェアは多くの人の意見でどんどん改良が加えられている上，連携するものも少なくありません．

その一つにJO2HPO 鈴村さんが製作した「HLAWD」というソフトウェアがあります．このソフトウェアはハムログのデータを取り込んでアワードの申請書を作るものです．手書きの申請をしたら，次はこれらのソフトウェアを使った申請にもチャレンジしてみましょう．一度便利さを味わったら，手放せなくなりますよ．

このHLAWDには自己誓約形式の申請書のほか，GCR形式の申請書も作成できる機能が含まれています．

ここで紹介したフリーソフトの入手先は次の通りです．
　TurboHamlog　URL：http://www.hamlog.com/
　HLAWD　　　URL：http://homepage1.nifty.com/jo2hpo/items/HLAWD.HTML

8-9 ビギナー向けのアワード紹介

アワードにはさまざまな種類があることをこれまで述べてきました．そして，そのアワードの難易度もさまざまです．ここで比較的難易度が低く，ビギナーにもお勧めできるアワードをいくつか紹介しましょう．

写真8-8 JARL Stations AWARD J賞
同じコールサインでも運用年や運用バンドが違えば異なる局にカウントできるので，同一コールサインというユニークな特記がある．

● JARL Stations AWARD J賞
ルール：JARLが開設する異なる5局と交信（SWLは受信）し，QSLカードを各1枚得る．特記は最大三つまで希望できる．
申 請：申請書（自己誓約書）＋JARL会員1000円（定額小為替または，現金書留），非会員2000円
〒170-8073　JARL会員課　アワード係

JARLが開設する局には，JARL中央局のJA1RLや補助局のJA1YRL，南極の8J1RL，それから期間限定で開設される8J1Aなどの特別記念局，8J1AXAなどの特別局があります．これらの局はアクティブに運用されているので，5局との交信は比較的容易でしょう（写真8-8）．

コールサインが8Jもしくは8Nで始まる局であれば，JARL以外が開設した局もJARLが開設した局とみなします．

JARLのアワードはすべてGCRは不要で自己誓約書で申請できます．

このアワードが完成すると，ルールがよく似た道東アワードハンターズグループ（DAG）が発行する「Japan Special Call Award（JSCA）」にも手が届きそうです（写真8-9）．こちらは8Jや8Nから始まるコールサインの局を10局（V/UHF帯での申請は5局）以上と交信して，QSLカードを得ます．JSCAの申請方法と申請先は次のとおりです．

申 請：申請書（自己誓約書）＋500円
〒084-0910　北海道釧路市昭和中央2丁目17番12
山田　和博　JF8QOR

写真8-9 Japan Special Call Award
8Jや8Nで始まる特別コールサインの局10局以上（V/UHF帯は5局以上）と交信する．

132　第8章　アワードを楽しもう

● YL-10局賞

発行者：JLRS

ルール：JLRSメンバー1局を含む10人のYL局と交信してQSLカードを得る．クラブ局でもオペレーターがYLであると明記されていれば1名は有効．

申　請：申請書（自己誓約書）（なるべく規定の用紙・ローマ字の氏名を明記）＋500円

〒452-0914　愛知県清須市土器野637

浅井　満子　JI2PNG

JLRSは女性のハム（YL）で組織された全国的なクラブです．JLRSメンバー局は，アクティブに運用している局が多いので，交信しやすいでしょう．また，JLRSのロゴ入りQSLカードを使っているので，メンバー局を確認するのも容易です．JLRSが主催するコンテストにはメンバー局が多く参加するので，交信のチャンスです（**写真8-10**）．

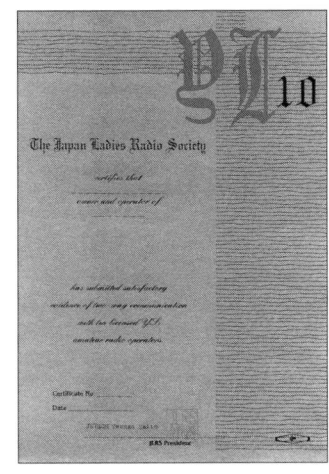

写真8-10　YL-10局賞
YL局との交信を積極的に行えばその中にJLRSメンバー局がいるはず．

● 地球岬アワード第1弾

発行者：地球岬ハムクラブ

ルール：北海道の局のテールレターで「CHIKYUMISAKI」とつづり，室蘭局（常置場所が室蘭市内であれば移動局も可）を1局加える．

申　請：申請書（GCR）＋500円＋自局QSLカード

〒050-0071　北海道室蘭市高砂町5-6-4

佐藤　潤　JA8QP

このアワードは少し難しいかもしれません．つづりの12局がすべて北海道の局ですから，北海道の局とどんどん交信しなければなりません．室蘭市から運用する局も1局必要ですが，人口も多くアクティブな局も多いので，探すのはそれほど難しくはないでしょう（**写真8-11**）．

このアワードの申請ができるころには，北海道の局44局と交信する「**88-JA8/2賞**（**写真8-12**）」も完成しているかもしれません．

88-JA8/2の申請方法は次の通りで，申請先はJSCAと同じです．

申　請：申請書（自己誓約書）

＋JARL会員300円，非会員600円

写真8-11　地球岬賞
このアワードはほかにも4種類用意されている．

写真8-12　88-JA8/2賞
多くの北海道局と交信し，このアワードを取得しよう．

8-9　ビギナー向けのアワード紹介　133

8-10　アワードはロング・ハムライフの秘訣

　アマチュア無線は奥の深い趣味です．生涯の趣味として楽しんでいる方も少なくありません．しかし長続きさせるにはそれなりの目標を持たなければなりません．その際，アワードは目標としては最適のものと言えるでしょう．

　世界的に有名なアワードに「**DXCC**」があります（写真8-13）．このアワードの発行者はアメリカの無線連盟ARRLで，世界で最も権威のあるアワードと言われています．審査が厳しく，GCRではなく取得したQSLカードを送付して，審査を受けなければなりません．DXCCは世界の国や地域（エンティティーと呼ぶ）を最低100集めると取得できますが，最高位は全エンティティー[注3]との交信です．周波数ごとにも発行されますから，このアワードのためだけにアマチュア無線を続けている人もたくさんいます．日本では，ハムフェア会場でQSLカードの出張審査も行っていますので，この機会に審査を受ける人が結構多いようです．

　海外との交信は，約11年周期で繰り返される太陽の黒点数の増減に大きく左右されます．2008年の後半からは黒点数の上昇期に入り，海外との交信がしやすくなります．皆さんも頑張れば，DXCC取得も夢ではありません．ある程度国内QSOができたら，海外へも目を向けてください．海外にも珍しいアワードがたくさんあります．

　アワードを集めていると，情報交換を行う仲間もできます．仲間とアワード談義をするのもまた楽しいものです．局数稼ぎも時には休止して，ゆっくりラグチューする余裕も必要かもしれません．

　さて，皆さんいかがでしたか．まずご紹介したアワードの中から，どれか1枚を申請してみましょう．自分で申請を行えば，筆者がここで説明したすべてが体験できると思います．

　皆さんもアワード・ハントで有意義なハムライフを楽しんでください．

注3：2021年9月現在のエンティティー数は340．国の独立や分離，地域情勢の変化などによりエンティティー数は増減する．

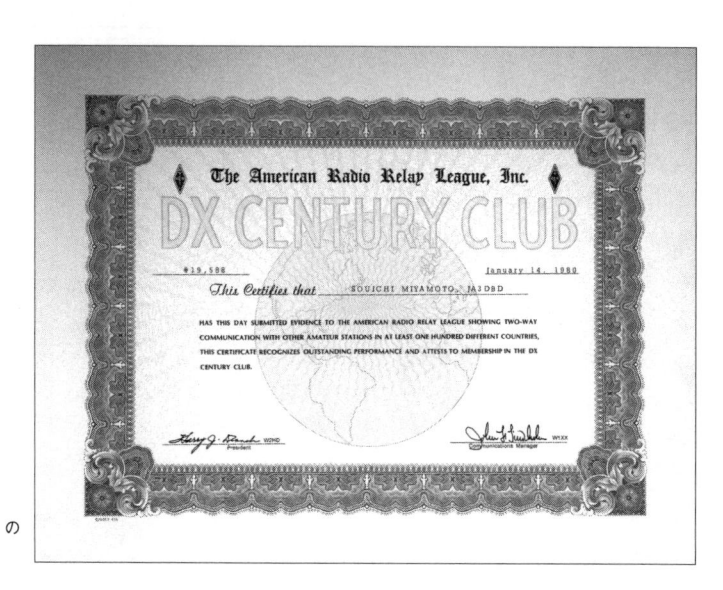

写真8-13
DXCC
世界で最も権威のあるアワード．多くのハムを魅了する存在といえる．

第09章

アマチュア無線で世界を感じる

海外交信の楽しみ方

JR3QHQ　田中　透 *Toru Tanaka*

日本国内だけではなく，世界中のアマチュア無線家と交信してみませんか．世界の多くのアマチュア無線家が皆さんとの交信を待っています．

9-1　海外交信の楽しみ方

9-1-1　小さな設備の局でも海外交信を楽しめる

海外交信というと，タワーに上がった大きなアンテナに大出力がなければできないと思っている人もいるでしょう．確かにこのような設備があるにこしたことはありませんが，出力10 Wとベランダに設置した小さなアンテナでも，十分に海外交信が楽しめます(**写真9-1**)．

しかし，このような設備では，いつでもどのバンドでも世界中と交信するというわけにはいきません．海外交信の経験を重ね，さらに上を目指したいと思ったら，設備のグレードアップを行いましょう．

海外交信のビギナーのうちは，アジアやオセアニアなど比較的近距離の国との交信を目指しましょう．21 MHzではこれらの地域の局がよく聞こえてきます．出力10 Wでも十分交信可能なので，ぜひチャレンジしてください．

特にサイパン(プリフィックスがKH0，**写真9-2**)やグアム(KH2)，パラオ(T8，**写真9-3**)からは，日本語による運用が頻繁に行われています(**写真9-2**)．これらの国や地域は，免許制度の関係などから日本の局が運用しやすい場所だからです．まずは，このような局を探して呼んでみましょう．

写真9-1
バルコニーに設置したアンテナ
このような小さなアンテナでも，コンディション次第で遠くの国の局と交信できる．

◀写真9-2
KHØ/7N4JZKのQSLカード
2007年の趙さんによるサイパンでの運用．サイパンではKHØ/日本のコールサインという局がよく運用される．まずはこのような局を探してみよう．

▶写真9-3
T8ØBのQSLカード
2005年にWB6Z 古谷さん（アメリカ在住）が運用を行ったときのQSLカード．パラオは交信しやすい国の一つ．

■ 9-1-2　電離層で反射して電波が飛んでいく

　上空に発生する電離層の反射で，電波が遠くまで飛んでいくということは，すでにご存じだと思います．この自然現象を上手く利用すると，日本以外の国，つまり海外の局と交信できます．しかし，この電離層は自然に発生するため，いつでも上空にあるわけではありません．天気が時間とともに変わるように，電離層も時間や季節によって刻々と変化しています．

　夕焼けが出たら明日は晴れ，朝焼けなら雨になるとよくいわれます．これと同じように，長年アマチュア無線をしていると，いつごろ，どのように電離層が発生して，どの辺りと交信できるのかがわかってきます．また周波数によっても，電波が電離層で反射するかしないかが変わってくるので，それもわかるようになると面白くなります．

　例えば，21 MHzや24 MHz，28 MHzをみてみましょう．朝方は北米やカリブ海方面，陽が昇るにつれて，南米やオセアニア，夕方はヨーロッパ，夜間はアフリカ，と交信エリアが変化してきます．アジア方面なら1日中交信できます．

■ 9-1-3　約11年周期で電波の飛び方が変化する

　電離層は，太陽活動に大きな影響を受けます．太陽活動は，約11年周期で活発になったり，穏やかになったりしています．これを「サイクル」と呼んでいます．そしてこのサイクルには，番号が付けられています．太陽活動がピークになると電離層も活発になります．このため特に18 MHzから28 MHzでは，簡単に海外と交信ができるようになるでしょう．

　太陽が活発かどうかの目安の一つは，太陽黒点の数です．この数が増えれば増えるほど，海外との交信が容易になります．

■ 9-2　実際の交信方法

■ 9-2-1　ラバースタンプQSO

　さて，海外と交信するにはどのようにすればよいのでしょうか？　皆さんは英語が得意ですか？　アマチュア無線で海外と交信するときは英語が基本です．ほとんどの場合，英語で交信を行うのですが，この英語がなかなか大変です．実は，筆者も英語が喋れません．じゃあどうするの？　安心してください．心配いりません．

ではココで，ちょっと海外交信の極意をお教えしましょう．

日本の局と交信している内容を思い浮かべてください．どんな内容で交信していますか？ はじめに相手のコールサイン，次いで自分のコールサイン，挨拶，RSレポートの交換，名前と住所の紹介，QSLカードの交換，最後の挨拶ではありませんか．ほとんどの人がこのような内容で交信していると思います．海外の局との交信は，これを英語に変えるだけでよいのです．

実は先ほど紹介したように，英語も日本語も，それにCW(電信)も，決まった言い方(打ち方)があります．これを，ラバースタンプQSO[注1]といいます．まず，これを紙に書いて読み上げるのです．相手もほとんど同じことを言ってくるので，だいたい内容はわかります．

しかし，海外の局でも最初のうちは呼ばないほうがよい国があります．それは母国語が英語の国です．彼らは英語が得意ですから，もしかすると用意していたラバースタンプの内容にないことを聞いてくるかもしれません．予想していなかったことを聞かれたら，パニックになってしまいます．始めのうちは，韓国や中国，台湾，ロシアなどの母国語が英語圏以外の局を呼びましょう．

それは彼らにも日本のように母国語があり，英語が外国語だからです．彼らもラバースタンプQSOなので，安心して交信できます．もしいろんなことを聞かれれば，すぐに交信を終わりにしましょう．電離層の状態が悪くなって，途中でQSOが切れてしまうことはよくあります(笑)．この終わり方もあらかじめ用意しておくと安心です．

英語圏の局との交信は，コンテストで行えばよいのです．コンテストでは，シグナル・レポートとコンテスト・ナンバーを交換するだけでOKなのですから．

注1：ゴム印で押したように毎回同じ内容を繰り返して交信するので，このように呼ばれる．

■ 9-2-2　ラバースタンプQSOの例

それでは交信例を紹介しましょう．

JR3QHQ：
CQ DX CQ DX CQ DX
This is Julieet-Romeo-Three-Quebec-Hotel-Quebec
Julieet-Romeo-Three-Quebec-Hotel-Quebec　JR3QHQ
Calling CQ and sanding-by.

CQ DX CQ DX CQ DX
こちらはジュリエット，ロメオ，スリー，クェベック，ホテル，クェベック．
ジュリエット，ロメオ，スリー，クェベック，ホテル，クェベック　JR3QHQ．
コーリングCQ アンド・スタンディング・バイ．

W3AVO：
Julieet-Romeo-Three-Quebec-Hotel-Quebec
This is Whiskey-Three-Alfa-Victor-Oscar　W3AVO Over.

ジュリエット，ロメオ，スリー，クェベック，ホテル，クェベック．
こちらはウィスキー，スリー，アルファ，ヴィクター，オスカー，W3AVOです，どうぞ．

JR3QHQ：
Whiskey-3-Alfa-Victor-Oscar　W3AVO．
This is JR3QHQ. Good evening. Thanks for calling me.
Your signal is five and nine 59.
My name is TORU．
Tango-Oscar-Romeo-Uniform　Tango-Oscar-Romeo-Uniform, TORU.
My QTH is IKEDA like India-Kilo-Echo-Delta-Alfa, India-Kilo-Echo-Delta-Alfa , IKEDA OSAKA, prefecture.
How do you copy me.
W3AVO This is JR3QHQ Over.

ウィスキー，スリー，アルファー，ヴィクター．オスカー．W3AVO
こちらはJR3QHQです．こんばんは．応答ありがとうございました．
そちらのシグナルはファイブ アンド ナインです．
名前はTORUです．
タンゴ，オスカー，ロメオ，ユニフォーム．タンゴ，オスカー，ロメオ，ユニフォーム．TORUです．
私のQTHは池田市です．インディア，キロ，エコー，デルタ，アルファ．インディア，キロ，エコー，デルタ，アルファ．池田市 大阪府です．
了解できましたか？
W3AVO こちらは JR3QHQ です，どうぞ．

W3AVO：
JR3QHQ This is W3AVO.
Good morning TORU.
Thanks for coming back to my call, TORU．
And Thanks for my signal report from IKEDA．
Your signal is allso five and nine 59,TORU.
My name is MASU.
Mike-Alfa-Sierra-Uniform MASU.
My QTH is Florida.
How do you copy.
JR3QHQ This is W3AVO Over.

JR3QHQ こちらは W3AVOです．
おはようございます TORUさん．
応答ありがとうございました，TORUさん．
そして，池田市よりシグナル・レポートありがとうございました．

あなたの信号も同じくファイブ アンド ナイン 59 です．
私の名前は MASU です．
マイク，アルファ，シアラー，ユニフォーム．MASU です．
私の QTH はフロリダです．
了解できましたか？
JR3QHQ こちらは W3AVO です，どうぞ．

JR3QHQ：
W3AVO This is JR3QHQ.
Roger MASU, solid copy.
Thanks for my signal report from Florida, MASU.
I'm using TS-690 KENWOOD company, running 10W.
My antenna is 5-element Yagi.
I will send you my QSL card via the bureau and please send your card to me via the bureau.
Now back to you MASU.
W3AVO This is JR3QHQ Over.

W3AVO こちらは JR3QHQ です．
了解です MASU さん．すべてコピーできています．
フロリダからシグナル・レポートを送っていただき，ありがとうございました，MASU さん．
今私は，ケンウッドの TS-690 を出力 10W で使っています．
アンテナは 5 エレメントの八木アンテナです．
QSL カードはビューロー経由で送りますので，そちらの QSL カードもビューロー経由で送ってください．
MASU さん，お返しします．
W3AVO こちらは JR3QHQ です どうぞ．

W3AVO：
Fine copy TORU. JR3QHQ This is W3AVO.
I'm using IC-775DX2 ICOM company, running 200W.
My antenna is 6-element Yagi.
Yes OK, I will send you my QSL card via the bureau.
Now, Thanks for the nice QSO.
Hope to see you again,soon. TORU.
73 good-bye.

TORU さんすべて了解です．JR3QHQ こちらは W3AVO です．
私はアイコムの IC-775DX2 を出力 200W で使っています．
私のアンテナは 6 エレメントの八木アンテナです．
私の QSL カードもビューロー経由で送ります．

それでは素晴らしい交信ありがとうございました．
TORUさん，また近いうちお会いしたいですね．
73 さようなら．

JR3QHQ：
W3AVO This is JR3QHQ OK MASU.
Thanks for the nice QSO too.
Hope to see you again, soon. MASU.
73 good-bye.

W3AVO こちらはJR3QHQ．MASUさんOKです．
こちらこそ素晴らしい交信をありがとうございました．
MASUさん 近いうちにまたお会いしましょう．
73 さようなら．

　海外局との交信は，大体このような流れで行います．内容があらかじめわかっていれば，相手が何を話しているのか見当がつきますよね．
　コールサインを言うときや，名前，QTHなどは，スペルをフォネティック・コードを使って紹介します．日本語で交信するときの和文通話表と同じです．

■ 9-2-3　付け加えるとさらに英語の交信らしくなる文面
　ラバースタンプQSOに一言付け加えると，それなりの英語に聞こえるようになります．その文面を紹介しましょう．

・相手の名前を言う
　ラバースタンプQSOの例を見るとわかるように，交信時に常に相手の名前を言っていますね，日本では，頻繁に相手の名前を言いませんが，英語では常に名前を言います．名前を言うことでお互い友人であると確かめ合っているのです．相手の名前を常に言うように心がけましょう．

・挨拶の仕方
　海外との交信の場合，常に時差を考えなければなりません．例えばアメリカと交信する場合，日本では朝方のことが多いのでGood morningと言ってしまいがちですが，アメリカは前日の夜です．相手のことを考えると，Good eveningと挨拶したほうがよいでしょう．ヨーロッパの場合は，その逆になります．日本が夕方から夜のときヨーロッパは朝です．

・初めてその局と交信するときの挨拶
I'm grad to meet you for the first time.
お会いできてうれしいです

- 自分のQTH(運用場所)をちょっと詳しく伝える

My QTH is IKEDA IKEDA IKEDA OSAKA prefecture. Near Osaka International Airport.
私のQTHは，池田市で大阪国際空港の近くです．
My QTH is IKEDA IKEDA IKEDA ,The northern part of Osaka.
私のQTHは，池田市で大阪府の北部です．

　交信するとき，自分のQTHの紹介を考えて喋れるようにしておけば良いでしょう．

- シグナル・レポートの交換のとき

Your signal is 5 and 9 here in a northern part of Osaka.
あなたの信号は59で大阪の北部に届いています．

- シグナルがとても強い場合

You have a very strong signal here, just like a local station.
貴方の信号はとても強力で，まるでローカル局のようです．

- シグナルがQSBなどで弱い場合

Your signal is weak because QSB.
あなたの信号は，QSBのため弱いです．

- 相手にマイクを返す場合

Over(どうぞ)やNow back to you(お返ししましょう)，go ahead(直訳では，進めですが，どうぞの意味)などを使います．
Now back to you, MASU　などと名前を入れるとカッコいいですね．

- 相手にちゃんと伝わったかどうか心配なとき

How do you copy me Over.
わかりましたか？

- 相手が自分のコールサインを間違ったとき

Negative! This is JR3QHQ. Over.
違います！こちらはJR3QHQです．どうぞ
My prefix wrong. It is not JA3, like JR3. Do you roger?
プリフィックスが間違っています．JA3ではなくJR3です．了解ですか？

- 相手のQHTや名前などを聞き漏らしたとき

Please say again your QTH(your name).
もう一度QTH(名前)を言ってください．

- 交信時に天気や気温を紹介する場合

The temperature is 20 degrees Celsius.
気温は摂氏20度です．

ちなみにアメリカは華氏を使います．摂氏20度は華氏68度になります．

Weather is fine today.
今日の天気は晴れです．

このようにいろいろな文面を使うと，カッコ良く交信できます．これらの言葉がスラスラと出てくるように，日ごろから練習しておきましょう．

9-3　DXペディションとは何

　アマチュア無線を続けていると「DXペディション」という言葉を耳にすることがあると思います．これは，DXCCというアメリカの無線連盟（ARRL）が出しているアワードが関係しています．
　DXCCというアワードは，ARRLが制定する国や地域（エンティティーと呼ぶ）と交信し，QSLカードを得れば授与されるものです．100エンティティーからアワードをもらうことができます．そして全エンティティー注2との交信ができればトップ・オブ・オナーロールという称号が与えられます．全世界のアマチュア無線家，特にDX'er（ディーエクサー）と呼ばれる無線家がこの称号を得ようと日夜努力しています．筆者もその1人ですが…．
　ただ，この全エンティティーというのが大変なのです．アマチュア無線家がほとんどいない国，人が住めない島（**写真9-4**），政治情勢でアマチュア無線が禁止されている国，一般人が上陸できない島なども含まれています．そして，そのような場所とも交信しなければこの称号は得られません．
　そこで，そのような場所から電波を出すことが大好きな無線家が，いろいろな条件をクリアして電波を出し，世界中と交信することを「DXペディション」といいます．
　DXペディションを行うエンティティーは，世界中のアマチュア局が交信を望んでいるので，ものすご

写真9-4　人が住めない島での運用
写真のように，BS7H Scarborogh Reefは海面から岩が飛び出しているだけのところ．当然ながら人は住めない．この島（岩？）も一つのエンティティーとされている．

> **COLUMN　太陽の活動が活発なときのHF帯**
>
> 　筆者が高校生のとき，主に28MHz帯に出ていました．アンテナは，自作の2エレメント・キュービカル・クワッド，アンテナの高さは約8mでパワーは10Wでした．
>
> 　日曜日朝，早起きすると，まず無線機のスイッチを入れて，28MHzをワッチします．そこには，アメリカの局が周波数の上から下までぎっしり出ていて，筆者が電波を出す周波数がないくらいです．よく聞くと，カリブ海の局も聞えてきます．筆者は，ここで多くの局と交信を楽しみました．
>
> 　日が高くなってきて，だんだんアメリカの局が聞えなくなってきました．すると今度は，南アメリカ，アルゼンチンやブラジルの局が聞えてきます．
>
> 　お昼ごろになると，オーストラリアや南太平洋の島国の局がよく聞えるようになり，多くの海外の局と交信を楽しみました．それと同時に極東のロシアの局や東南アジアの局などは，1日中聞えています．夕方になると，ヨーロッパの局が聞こえ始め，バンド内が賑やかになってきます．
>
> 　日が落ち夜になると，アフリカの局がちらほら聞えて，知らず知らずのうちに1日で世界中のアマチュア局とお話ができてしまいました．これが，毎日のことです．

いパイルアップになります．ビギナーの方がこのパイルアップに参加しても，交信できる可能性は低いので，DXペディション期間の終わりごろまで待ちましょう．このころになると呼ぶ局もかなり減っているので，小さな設備の局でも交信できるかもしれません．

9-4　少しずつステップアップしてください

　アマチュア無線の醍醐味である海外交信は，とても奥の深い世界です．ここでお伝えしたのは，ほんの入り口部分にしか過ぎません．この章を読んで，海外交信に興味を持たれた方は，ぜひ自分でいろいろと調べてください．

　書籍やインターネットを使用するとさまざまな情報が集まります．またDXクラブに入ってもよいでしょう．この道数十年という先輩がたくさんいる世界なので，きっといろいろ教えてくれるはずです．

　海外局とのQSLカードの交換は，ビューロ経由だけでなくSASEを送ったり，QSLマネージャーを経由するなどさまざまです．QSLカードの送り方は第5章を参照してください．

　海外交信は，アマチュア無線を長く楽しむためにピッタリなジャンルです．海外交信を目指せば，無線機やアンテナについての知識も広がるでしょう．また，そのほかにもいろいろな知識が必ず増えていきます．少しずつでも構いませんので，ぜひステップアップをしてください．あなたにもいつの日か全エンティティーと交信できる日がくるかもしれません．

注2：2021年9月現在，340エンティティーが存在する．エンティティーは国際情勢などによって増減することがある．

第10章

楽しみ方を大きく広げてくれるパートナー

アマチュア無線における コンピュータの活用

7J3AOZ　白原　浩志 *Hiroshi Shirahara*

　20数年前はマニアの趣味の対象にすぎなかったパーソナル・コンピュータ(以下PC)ですが，日常的に仕事や趣味に活用される道具として普及しました．もちろん，アマチュア無線でもさまざまな分野でPCが活用されています．

　この章では，アマチュア無線におけるPCの活用シーンをいろいろ紹介します．

■ 10-1　アマチュア無線業務における事務処理への利用

　交信記録(ログ)の入力，QSLカードの発行・受領の管理，また局免許の各種申請書類の作成など，アマチュア無線は意外と事務処理の多い趣味です．「多目的文房具・情報処理装置」としてのPCがもっとも得意とするこの分野では，アマチュア無線用のさまざまなソフトウェアがインターネット上で公開され，多くのアマチュア無線家に活用されています．また，アマチュア無線局免許の各種申請手続きは，日本でもインターネット経由で行えるようになりました．

■ 10-1-1　電子交信記録(ログ)ソフトウェア

　アマチュア無線家にとってもっとも身近な事務処理はログ(交信記録)の入力作業でしょう．この分野では，ログをリアルタイムに入力し，過去の交信記録を瞬時に呼び出すことができる電子ログ・ソフトウェアを，世界中のアマチュア無線家が利用しています(**図10-1**)．この種のソフトウェアの多くに，データベース化された交信データを利用した交信記録検索，各種アワードの自動集計，QSLカードやSASE貼付用ラベルの印刷，QSLカードの送付・受領管理などのさまざまな機能も備わっており，アマチュア無線家の事務処理の負担を大きく軽減しています．

　また，最近は，PCによる無線機の制御(交信周波数のログへの自動入力，周波数の自動セットなど)，アンテナ・ローテーターの自動制御(入力したコールサインより方向を計算し，アンテナの方向を自動的に変える)，PCのサウンド機能を使ったボイス・メモリ，CWメモリ・キーヤー，DXクラスターからの自動情報取得，インターネット上から交信相手局の情報を取得する機能など，多種多様な機能が備えられ，アマチュア無線運用総合ソフトウェアといえるものが多くなっています．

■ 10-1-2　QSLカード印刷

　アマチュア無線業務の事務処理で，もっとも手間と時間がかかるのがQSLカードの印刷・発行ではないでしょうか．多くの電子ログ・ソフトウェアにはQSLカードの印刷機能が搭載されています．また，QSLカード印刷に特化したソフトウェアも公開・頒布されています．QSLカード印刷専用のソフトウェ

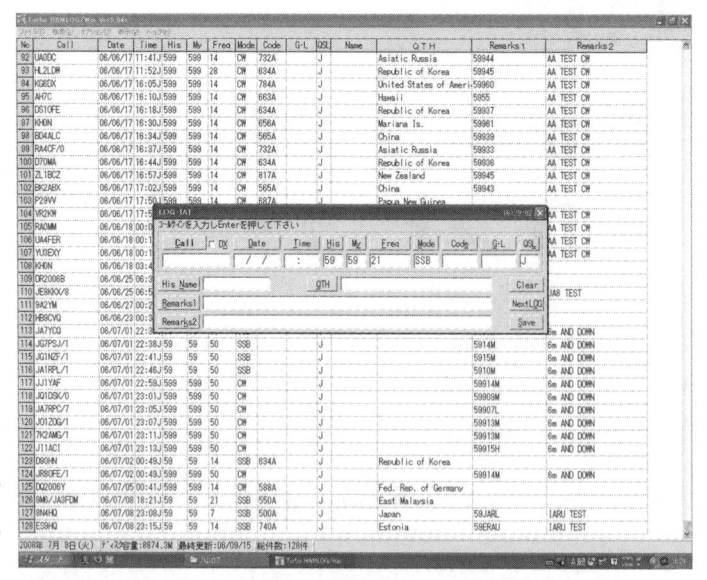

図10-1
ロギング・ソフトウェア の一つ「Turbo HAMLOG」
日本でもっともユーザーが多いロギング・ソフトウェア．さまざまなソフトウェアとの連携もできる．

アは，印刷する際の位置合わせやカードのデザイン，交信データによる印刷種別の切り替えなどを簡単に行えるようになっています．電子ログ・ソフトウェアに搭載されているQSLカード印刷機能に満足できない方にお勧めです．

■ 10-1-3　アマチュア無線局免許関係の申請手続き

　欧米では，インターネットを利用したアマチュア無線局の各種申請手続きが一般的です．この日本版が「総務省　電波利用　電子申請・届出システム」(**http://www.denpa.soumu.go.jp/public/index.html**)で実現されていましたが，「住民基本台帳カード」の交付が必要，ICカードリーダーを購入しなければならない，WebブラウザとJava(同システムが使用しているプログラミング言語)のバージョンに動作が依存するなど，利用者にとってやや敷居の高いシステムでした．

　しかし，2008年4月1日より，インターネット上でIDとパスワードの登録だけで利用できる「総務省　電波利用　電子申請・届出システムLite」(**図10-2**，**http://www.denpa.soumu.go.jp/public2/index.html**)が開始されました．これにより，利用者のアマチュア無線局免許に関する申請手続きの敷居が，欧米のシステム並みに低くなりました[注1]．電子申請の方が申請手数料も安価になるので，アマチュア無線局の各種申請はインターネットを利用したほうが簡単かつお得です[注2]．

　なお，電子申請で対応できない申請内容や事情がある場合は，従来どおりの郵送による手続きになります[注3]．しかし，申請書類は総務省のWebサイトで日本語ワードプロセッサや表計算ソフトウェアの形式で提供されているので，利用したPC上でこれらを利用した書類作成が可能です．

　また，JK1IQK　鈴木さんが開発・頒布しているアマチュア局申請書類作成ソフトウェア「局免印刷」(**http://www.ne.jp/asahi/radio/jk1iqk/**)は，必要事項を入力すれば自動的に様式を整えて各種の申請書類を印刷することができる，大変お勧めのソフトウェアです．ぜひ一度お試しください．

注1：外国人である筆者は「住民基本台帳カード」が取得できないので，「総務省　電波利用　電子申請・届出システムLite」は大変有効なシステム．

図10-2
総務省 電波利用 電子申請・届出システムLite
アマチュア無線局の免許関連の申請や届出をインターネット上で行えるシステム．

注2：「総務省 電波利用 電子申請・届出システムLite」は，使用できるWebブラウザはMicrosoft EdgeとInternet Explorer 11，Firefox 49.0以上（Windows 10デスクトップ・モードの場合）．動作環境が限定されているので注意が必要．

注3：TSS（株）による保証認定が必要な場合は，電子申請による申請手続きは行えない．また，電子申請を行ったときでも，免許状の返送が必要な場合は，返送用封筒を総合通信局に郵送する必要がある．

10-2　PCを使った各種モードの運用

　アマチュア無線で，文字や画像，デジタル・データなどの送受信を行う「デジタルモード」は，昔は運用に大掛かりな設備が必要でした．現在は，多くのデジタルモードがPCのソフトウェアとして実装されており，昔に比べて手軽に運用が可能になっているため，多くのアマチュア無線家がこれらのモードによる運用を行っています．

　また，昔は存在しなかった新しいデジタルモード（PSK，デジタルSSTVなど）の運用も盛んに行われています．さらに，PC上のソフトウェアで音声のコンプレッションやイコライジングを行う高音質音声通信，PCで音声をデジタル化して高音質・狭帯域の音声通信を行うモード，PCのソフトウェアで復調・変調を行う「ソフトウェア無線（SDR）」など，PCを使ったさまざま運用形態が実用化されようとしています．今も，世界中で実験や運用が行われています．

■ 10-2-1　RTTY（ラジオテレタイプ）

　JE3HHT 森さんが開発・頒布しているソフトウェア「MMTTY」（**http://www33.ocn.ne.jp/~je3hht/mmtty/index.html**）の登場により，文字による通信モードであるRTTY（ラジオテレタイプ）の運用が，PCを使った身近なものになりました．現在，RTTYを運用するほとんどのアマチュア無線家が，PC上のソフトウェアで運用しています．

　MMTTYは単体のソフトウェアとしても多くのアマチュア無線家に使われています．また，RTTYの変・復調エンジンが公開されているため，世界中のアマチュア無線用ソフトウェアが「MMTTYエンジン」を使用してRTTYの送・受信機能を実現しています．

■ 10-2-2 SSTV（スロー・スキャン・テレビジョン）

　JE3HHT 森さんが開発・頒布しているソフトウェア「MMSSTV」（**http://www33.ocn.ne.jp/~je3hht/mmsstv/**）の登場により，アマチュア無線で静止画像を送るSSTV（スロー・スキャン・テレビジョン）の運用は，スキャン・コンバータなどの専用機器を使用しないPCによる運用が主流になっています．さらに，世界中のアマチュア無線用ソフトウェアが「MMSSTV」のSSTV変・復調エンジンを使用してSSTVの送・受信機能を実現しています．

　また，従来の「アナログ」SSTVと方式の違う「デジタル」SSTVの運用も盛んに行われています．デジタルSSTVは，短波帯のデジタル放送規格であるDRM（Digital Radio Mondiale，**http://www.drm.org/index.php**）を使用しています注4．画像のデジタル化と伝送エラー時の再送・エラー訂正を行うことにより，従来のSSTVの画像より美しい画像の送受信が可能になりました注5．

注4：当初は「RDFT方式」が使われていたが，最近は「DRM方式」が主流になっている．
注5：信号強度による影響は，デジタルSSTVのほうが大きい．これは，TVの地上波デジタル放送と同じで，一定レベル（スレッショルド）以下の信号は切り落として処理されるため，デジタルデータがデコード（解読）できなくなってしまうから．

■ 10-2-3 PSK（PSK31，QPSK31など）

　英国のPeter Martinezさん（G3PLX）が開発した「PSK31」から始まる，PSK（フェイズ・シフト・キーイング，位相偏移変調）を使用した新しい文字通信モードです（**図10-3**）．このモードは，最初からPCのソフトウェア上で実現されており，信号強度が極端に弱い状態（音声としては聞き取れない状態）でも通信が可能注6です．そのため，小電力・小設備の局が多い欧州を中心とした世界中で運用されています．また，英大文字・記号以外の送・受信ができないRTTYと違い，PSK31ではすべてのASCIIコードを伝送可能で，日本語を含む2バイト文字での通信も可能です注7．

　なお，伝送速度を遅くして文字の欠落や誤りを減らすことを目的としたPSK05（5 bps）やPSK10（10 bps），4位相を使用することで文字の誤り訂正を行うQPSK31，伝送速度を高速化したPSK64など，PSKにもさまざまなバリエーションが登場しています．

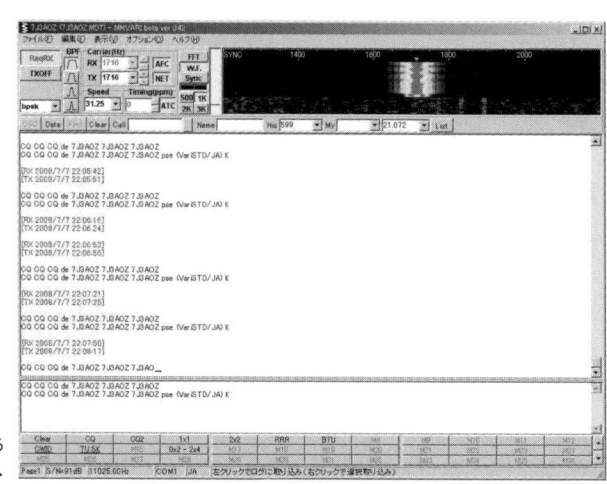

図10-3
文字通信の一つ「PSK31」
PSK31は漢字を送ることもできるので，日本人向けのモードである．

注6：筆者は，事務所として使っているマンションの3階ベランダに設置した短縮ダイポール＋出力50 Wの運用で，サイクル23のピーク時に，21 MHz帯において欧州を中心に約100エンティティほど交信ができている．また，日本ではPSKを運用している局が少ないせいか，CQを出すとパイルアップになるケースが多かったことが記憶に残る．

注7：日本では7 MHz帯を中心に，日本語によるPSK31での交信が盛んに行われている．ただし，英字を使用した場合に比べると，日本語での交信は信号強度が低い場合の文字の欠落や誤りが多くなる．これは，2バイトを連続して正確に受信しないと，正しい漢字を表示できないためである．なお，森さん（JE3HHT）が開発・頒布している「MMVARI」（**http://www33.ocn.ne.jp/~je3hht/mmvari/index.html**）では，日本語を含む2バイト文字のデコード率の向上のために考えられた「VARICODE」を使用することができる（「VARICODE」は，通常のPSK31とは互換性がないので注意が必要）．

■ 10-2-4　PCによる送・受信音声の処理

　アマチュア無線における送・受信音の高音質化を図る場合，放送局用や音楽録音用の高価な機材を使うことが多かったようです．けれども，PCが高速化し，リアルタイムで音声処理が可能になったため，ソフトウェアによる各種の音声加工処理も行えるようになりました．

　音声処理用のソフトウェアには，プロフェッショナル用途の高価なものからフリーウェアまでさまざまなものがあります．PCの音声入出力用インターフェース（サウンド・カード）に高性能・高音質のものを使えば，専用機材と同等の音質が省スペースで実現できるのが魅力で，たくさんのアマチュア無線家がこの分野に挑戦しています．

　また，受信音に対するフィルタをPCのソフトウェアで実現することも可能です．外付けのAFフィルタと同じ感覚で使用できるため，高音質のためだけではなく，DXとの交信時に了解度を上げるなどの目的にも有効な分野です．

　なお，低速なCPUを搭載したPCでは，アナログ音声⇔デジタル音声の変換処理，デジタル音声に対するエフェクト処理などが間に合わず，音声の送・受信に大幅な遅延が発生します．この分野には（比較的）高速なCPUを搭載したPCが必要です．

■ 10-2-5　PCのソフトウェアによるデジタル音声通信

　従来のデジタル音声通信には，専用のハードウェアを用いる必要がありました．しかし近年は，PCのソフトウェアだけで運用を行うことも可能になりつつあります．

　短波帯のデジタル放送規格であるDRMをアマチュア無線用に実装したソフトウェア「WinDRM（受信用）」（**http://n1su.com/windrm/**）と「DRMDV（送信用）」（**http://n1su.com/drmdv/**）による実験が行われています．また，DRMよりさらに狭帯域（1.1 kHz）で音声通信可能なソフトウェア「FDMDV（Frequency Division Multiplex Digital Voice）」（**http://n1su.com/fdmdv/**）も公開され，日本を含む世界中で実験が行われています．

　なお，JARL（社団法人 日本アマチュア無線連盟）が推進するデジタル通信規格「D-STAR」による音声デジタル通信も，欧米のアマチュア無線家によって，PCのソフトウェアによる実現が試みられており，専用のハードウェアや無線機を用いずに「D-STAR」規格の音声通信が行えるようになることが期待されています．

■ 10-2-6　PCのソフトウェアによる電信の運用

　PCのオペレーティング・システム(OS)がPC-DOS(MS-DOS)の時代から，PCソフトウェアによる打電が実用化されていました．近年は受信に関してもかなり解読精度の良いソフトウェアが登場しています．これらのソフトウェアは，受信状況が良くない場合(信号強度が低い，ノイズが多い，QRMが酷い，相手局のモールス符号が「個性的」な場合など)はさすがに解読が難しくなりますが，状況さえ良ければ，ほとんど「文字化け」を起こさずにモールス符号を解読できます．図10-4は，JA5CQH吉原さんが公開しているCW解読ソフトウェア「CqhRcvCW」です(**http://homepage3.nifty.com/giga-toolbox/~CQHpc.htm**)．

　電信は「自分の耳で受信すること」が大前提のモードですが(そして，そこが面白いモードでもあるが)，CWを練習中の電信初心者が受信に自信がない場合のサポート[注8]，電信による長時間の交信を行う際の補助，急に高速な電信で呼ばれた際の保険(hi)として，これらのソフトウェアは有効に活用できます．

　また，Alex Shovkoplyasさん(VE3NEA，Afreet Software, Inc.)が作成し，2008年に公開された「CW Skimmer」(**http://www.dxatlas.com/CwSkimmer/**)があります．これは，一定の受信帯域に含まれる(3 kHz)すべての電信を高精度に解読し，受信した局のコールサインをリアルタイムに図示可能なため，「コンテスト運用のロボット化が可能になるのではないか」と話題を呼んでいます．

注8：電信運用の初心者が，練習段階で電信解読ソフトウェア(あるいは解読器)を使用することには賛否両論がある．しかし，筆者の経験では，解読ソフトウェアを補助的に使って運用したほうがよい結果が得られている．これは，精神的に安定するからかもしれない．なかなか電信運用に慣れることができなければ，解読ソフトウェアを補助的に試してみるのもよいだろう．

■ 10-2-7　ソフトウェアラジオ(SDR)

　アマチュア無線の世界では，PCのソフトウェアによる演算で無線の変・復調を行う「ソフトウェアラジオ(Software Defined Radio, SDR)」がすでに実用化されています．SDRは，ハードウェア的には最小限の高周波部分とPCソフトウェア(およびPCの音声入出力インターフェース)で構成され，変調と復調は完全にソフトウェアによって行います．そのため，ソフトウェアの書き換えだけでSSBやCWをはじめとしたさまざまな電波型式に対応できるのが特徴です．

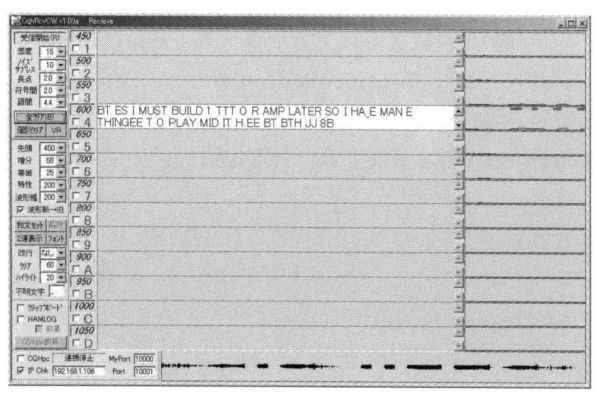

図10-4　CW解読ソフトウェア「CqhRcvCW」
CWの受信サポートに役立つので，初心者のスキルアップに活用できる．

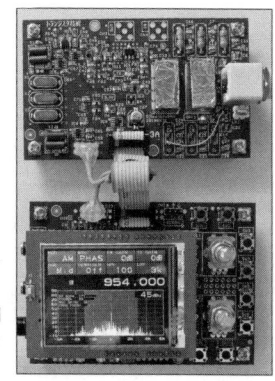

図10-5▶
SSB SDRトランシーバ・キット「SDR-3」
自分で組み立てる7 MHz用SDRトランシーバ・キット．改造も可能．

また，周波数帯域を一挙に受信する仕組みを利用した注9高級トランンシーバー並みのスペクトラム・スコープや，演算によって実現しているため，事実上無制限に可変できる受信フィルタ，送・受信音質の調整機能など，ハードウェアを付加せずに高機能を実現できる点が魅力です．

　メーカーの製品としては，「FlexRadio Systems」（**http://www.flex-radio.com/**）が「FLEX-6700」トランシーバを生産・販売しているほか注10，「RFSPACE, Inc.」（**http://rfspace.com/RFSPACE/Home.html**）が「SDR-IP」（**http://www.rfspace.com/SDR-IP.html**）を，さらに「PERSEUS」などのSDR受信機が販売されています注11．

　なお，SDR用ソフトウェアとして，オープンソースのものが多数公開されています．ハードウェアもさまざまなキットが頒布されているため注12，送・受信機の自作も盛んに行われています．

注9：ただし，受信帯域の広さは，使用するPCの音声入出力インターフェースの周波数帯域による．
注10：同社の最初の製品として有名な「SDR-1000」は，現在は生産が終了している．
注11：「PERSEUS」の製品は，日本国内では「(株)エーオーアール」（**http://www.aor.co.jp/**）が輸入・販売を行っている．
注12：CQ出版社より発売されているSSB SDRトランシーバ・キット「SDR-3」（図10-5）．

10-3　PCによるアマチュア無線機器の制御

　PCは外部に接続した機器の制御が得意です．アマチュア無線でも機器の制御用として使われています．

10-3-1　無線機の制御

　最近のアマチュア無線機器は，PCとの接続端子が最初から用意されているものが増えてきています．PCのシリアル・ポート経由で接続し注13，PCソフトウェアからのコマンド(指令)送信により，周波数/モードの設定や読み出し，受信フィルタの選択など，アマチュア無線機のさまざまな機能を制御できます（図10-6）．

　多くのアマチュア無線用ソフトウェアが，無線機の制御に対応しています．これらは，「DXクラスタ

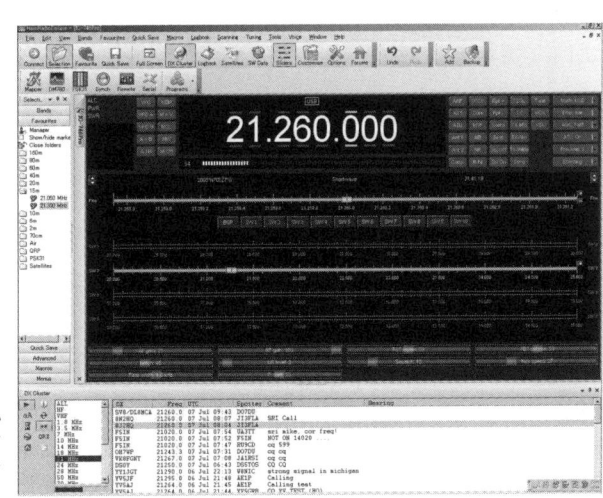

図10-6
無線機コントロール・ソフトウェア　Hamradio Delux
トランシーバに装備されているいろいろな機能をコントロールしてくれるソフトウェア．各社のトランシーバに対応．

ーで取得した珍局の周波数/モードを，マウスの1クリックで瞬時に無線機に設定する」ことや，「ログを入力した瞬間に，交信した周波数を自動的にログに記録する」など，アマチュア無線運用の省力化に役立っています．

また，メーカーから純正の制御用ソフトウェアが提供されているケースもあります[注14]．

注13：最近のPCには，シリアル・ポートが搭載されていない場合が多い．この場合はUSB⇔シリアル変換アダプタなどを使用することになる．また，USB接続タイプのアマチュア無線機用インターフェースが各社より販売されている．

注14：例えば（株）ケンウッドの「TS-2000」には，専用制御ソフトウェア「ARCP-2000」が提供されている．

■ 10-3-2　アンテナ・ローテーターの制御

一部のアンテナ・ローテーターは，PCと接続することでソフトウェアからアンテナの方向を制御できます．アマチュア無線用ソフトウェアでは，この機能に対応するものが増えています．

この機能を備えたソフトウェアを利用すると，マウスの1クリックで，自局の緯度・経度（またはグリッド・ロケーター）とコールサインによって割り出された相手局の緯度・経度により，ソフトウェアが相手局の方向を自動計算し，その上ローテーターが自動的に相手の方向に向くという，昔は考えられなかったアマチュア無線の運用が可能になります．

■ 10-3-3　そのほかにもさまざまな制御を行う

最近のハンディ・トランシーバやモービル・トランシーバには，PCとの接続機能が付いているものが増えています．これらの接続機能の多くは，無線機のリアルタイム制御はできませんが，メーカー純正ソフトウェア（またはフリーウェア）によって，PC画面上での周波数メモリの設定・管理やメモリ・データのバックアップが可能です．

また，エレメントを伸縮させることにより，物理的に最適なアンテナ長に同調することで有名な「SteppIR Antennas Inc.」の八木アンテナ「SteppIR」[注15]をはじめとして，エレクトリック・キーヤー，Power/SWR計，アンテナ切り替え機，アンテナ・アナライザなど，さまざまなアマチュア無線用機器がPCによる制御に対応しています．

注15：「SteppIR」は，日本では「（株）ビーム クエスト」（http://beam-quest.com/）が取り扱っている．

■ 10-4　コンテストにおけるPC利用

アマチュア無線のコンテストは，短時間にできるだけ多くの局と交信することが目標です．そこで，交信の効率を追求するこの分野でもPCが活用されています．

■ 10-4-1　コンテスト中の各種作業

昔は，コンテストにおける重複交信（デュープQSO）のチェックや得点，取得したマルチプライヤーの把握などは，紙のチェック・シートを利用して行っていました．目視によるチェックは大変でミスも多く，特に重複交信の場合は「QSO B4」（電信での交信において，すでに交信済みという意味）と応答されることもしばしばでした．

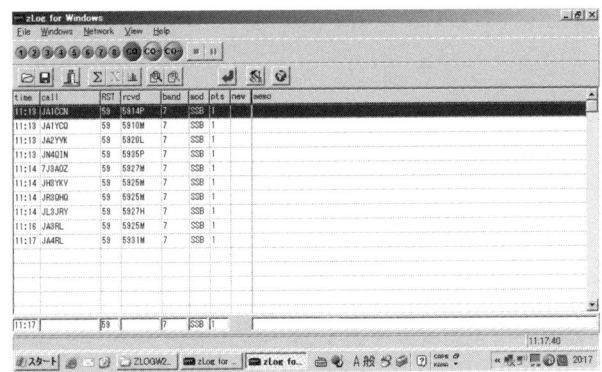

図10-7
コンテスト用ロギング・ソフトウェア zLog
愛用者が多いコンテスト用ロギング・ソフトウェア．ログの管理だけでなくあらかじめ登録されている文を自動的にモールス符号で送出してくれるメモリ・キーヤー機能など，そのほかの多彩な機能がある．

　最近はコンテスト用のロギング・ソフトウェアを使用して，リアルタイムにQSOデータ（コールサインとコンテスト・ナンバー）の入力を行えば，これらの作業は自動的にPCで行えるようになりました（図10-7）．また，各コンテストごとのルールをサポートする機能，コンテスト・ナンバーの入力ミスを防ぐ機能，コンテストによく出ている局のコールサイン・リストを作成しておけば，入力の途中でコールサイン入力を補完してくれるパーシャル・チェックと呼ばれる機能など，コンテスト運用を楽にする機能が多くのコンテスト用ロギング・ソフトウェアでサポートされています．

■ 10-4-2　各種自動機能

　PCをメモリ・キーヤーとし[注16]，必要最小限のキー操作でコンテスト時の電文を送出できる機能，PCのサウンド入出力機能を使用する繰り返し機能付きボイス・メモリ，パケットクラスター（もしくはインターネット・クラスター）からデータを取得し，クラスターにスポットされた局の周波数/モードにワンクリックでQSY（周波数の変更）する機能[注17]など，コンテスト参加を省力化するさまざまな機能が，コンテスト用ロギング・ソフトウェアではサポートされています．

注16：モールス符号の送出が安定するため，PCに接続された外部エレクトリック・キーヤーを制御できるソフトウェアも多いようだ．
注17：無線機のPC用インターフェースとPCの接続が必要．

■ 10-4-3　オールバンド・マルチオペレーターでのPC利用

　オールバンド・マルチオペレーターでコンテストに参加する場合，高得点を得るためには不可欠な，各バンドごとの現状把握は大変な作業でした．最近は，各運用サイトに設置されたPCをローカル・エリア・ネットワーク（LAN）で接続し，リアルタイムで各運用サイトの得点や取得マルチプライヤーなどの情報を把握できるシステムも容易かつ安価に構築できるようになり，多くのマルチ・マルチ対応コンテスト・ステーションが利用しています．

■ 10-4-4　コンテスト終了後の作業

　コンテスト終了後は，交信データを取りまとめて提出用のログ，サマリーシートなどを作成する必要があります．紙ログの時代は大変だったこの作業も，コンテスト用ロギング・ソフトウェアを使ってコ

ンテストに参加すると，集計・書類作成をほとんど自動で行えます．また，最近のコンテストの多くは，電子メールによる書類の提出を認めており，インターネットを利用して簡単に書類の提出が行えるようになりつつあるところです[注18]．

注18：すべてのコンテストが電子メールによる書類提出を認めているわけではないので注意する．

10-5　アマチュア衛星通信におけるPCの利用

アマチュア衛星は静止衛星ではありません．そのため，アマチュア衛星を利用した通信では，アンテナ・ローテーターを利用したビーム・アンテナによる衛星の追尾と，無線機の周波数制御によるドップラー・シフトの補正が必要です[注19]．これらの分野でもPCが大いに利用されています．

なお日本では，JR1HUO 相田さんが開発・頒布を行っているフリーウェア「CALSAT32」が，この分野では広く使われているようです（図10-8）．このソフトウェアはインターネット経由による衛星の軌道要素の入手，軌道要素から得られる衛星の位置計算，無線機やアンテナ・ローテーターの自動制御[注20]などの，衛星通信に必要なすべての機能を備えています．

注19：近年打ち上げられている低軌道のアマチュア衛星や国際宇宙ステーション(ISS)との通信は，通信時間が衛星を追尾する場合より短くなるが，無指向性のホイップ・アンテナなどを利用した通信も不可能ではない．また，ビーム・アンテナを手に持って衛星を追尾しながら交信する人もいる．
注20：PCと，無線機やアンテナ・ローテーターを接続するためのインターフェースが必要．

10-6　アマチュア無線におけるインターネットの利用

一部の研究所や教育機関における利用から始まったインターネットですが，先進国では今や電話と同等の基本的なインフラになりつつあります．世界中のコンピュータとデータ通信が行えるインターネットの利用は，アマチュア無線でもなくてはならない存在になりつつあります．

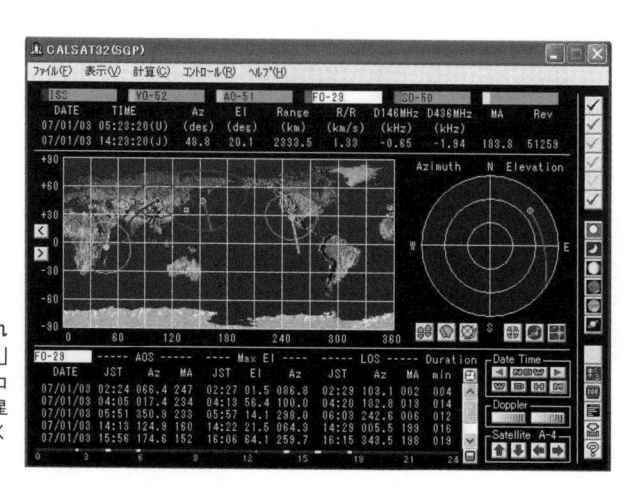

図10-8
衛星通信をサポートしてくれるソフトウェア「CALSAT32」
衛星が飛来するスケジュールやローテーターの自動操作による衛星の追尾，周波数の調整を行ってくれる．

■ 10-6-1　DXクラスター

　DX局のリアルタイムの運用情報を共有するしくみである「DXクラスター」は，当初アマチュア無線を使ったパケット通信ネットワークとして始まりました．現在はインターネット上のサーバを利用した「インターネットDXクラスター」が主流です（図10-9）．

　インターネットDXクラスターへの接続は，WebサイトやTelnet経由で行えます．そのほかにも数多くのアマチュア無線用ソフトウェアが，インターネット経由でDXクラスターに接続して，現在運用を行っているDX局の情報を取得する機能をサポートしています．

　DXクラスターと同じようなしくみで，国内局の運用情報が掲載されているWebサイトもあります．その「Jクラスタ」は，7M1FCC 田中さんが運営しているとても人気が高いWebページです．主に国内アワードを楽しむ人たちが中心となって，情報を提供し合っています（図10-10）．

■ 10-6-2　VoIP（Voice over Internet Protocol）技術とアマチュア無線の融合

　IP電話などでも使われている，インターネット網を利用して音声をリアルタイム伝送する技術にVoIP（Voice over Internet Protocol）があります．これは，現代のアマチュア無線でも，遠距離無線通信の中継用技術として活用されています．

　その具体的なものとして，JARLが推進するデジタル通信規格「D-STAR」におけるレピータ間の中継や，八重洲無線が運営する，アナログFMとデジタル音声モードC4FMに対応し，相互通信も可能なWIRES-X，Jonathan Taylorさん（K1RFD）を中心としたグループによる開発・運営が行われているEchoLink，オープン・ソースとして開発・運営が行われているIRLPなどがあります．

■ 10-6-3　無線機などの遠隔制御

　近年はさまざまな要因により，都市部はアマチュア無線家にとって厳しい環境が多くなっています．そこで，いわゆる「別宅シャック」を持つ人も増加していますが，遠隔地にある別宅シャックには行くのが億劫で…という人も多いようです．

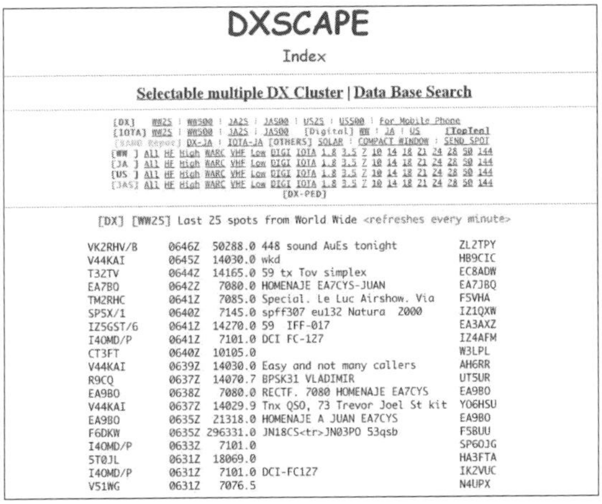

図10-9　DXSCAPE
現在入感している海外のコールサインや運用中の周波数などが掲載されているWebページ．

図10-10　J-クラスタ
現在運用している国内局の入感状況が掲載されている．掲載されている局のデータにはアワードに関する情報が含まれているケースが多い．

2004年1月13日に電波法関係審査基準（平成13年 総務省訓令67号）の一部が改正され，アマチュア無線局をインターネット経由で遠隔操作可能になりました．これにより，VoIP技術と無線機器のPCコントロールを組み合わせて，自宅から遠隔制御で別宅シャックから運用を行うスタイルを試みている人もいるようです．

　なお，アマチュア無線局のインターネット経由での遠隔操作を行う場合は，局免許の変更（無線局事項書の参考事項の欄に，遠隔操作が行われること及びその方法の記載など）が必要です．JARLのWebサイトに掲載されている「インターネットを利用してアマチュア無線局の遠隔操作を行うための指針（http://www.jarl.org/Japanese/7_Technical/d-star/digital-guide.htm）」を熟読の上，電波法の範囲内での運用を行ってください．

■ 10-6-4　海外のアマチュア無線書籍や機器の入手

　海外のアマチュア無線機器メーカーや販売店でも，インターネット経由の海外からの発注に応じてくれるところが増加しています．これで，以前は入手が難しかった海外のアマチュア無線関係書籍や各種の機器が，容易に入手できるようになってきています．

　海外のアマチュア無線機器は，国内の輸入代理店経由で購入するのが一般的です．しかし，代理店で取り扱っていない機器を個人で輸入するアマチュア無線家も少しずつ増えているようです．

■ 10-6-5　情報の入手やコミュニケーション

　インターネットの代名詞となっている「WWW（ワールド・ワイド・ウェッブ）」は，もはや私たちの生活に欠かせない媒体です．アマチュア無線でも，世界中のアマチュア無線家や団体がホームページを開設し，さまざまな分野の情報を発信しています（図10-11）．また，多くのアマチュア無線家が電子掲示板（BBS）やインターネット・チャットなどを日常的に利用し，コミュニケーションや情報の発信・入手に活用しています．

　さらに近年，WeblogやSNS（ソーシャル・ネットワーキング・サービス）などの，簡単な操作方法でインターネット上に情報を発信し，さまざまな人とコミュニケーションを図れるしくみが誕生し，アマチ

図10-11
日本アマチュア無線連盟のWebページ「JARL Web」
アマチュア無線を楽しむ上で有益なさまざま情報が掲載されている．

ュア無線家にも人気を得ています.

　また,ミニブログ・サービスであるTwitter(**http://twitter.com/**)の利用者が世界的に増加しています(図10-12).特にアマチュア無線家は自分のコールサインをIDとしてTwitterを利用しているケースが多いため,アマチュア無線を楽しむためのさまざまな情報が,世界中のハムの間でリアルタイムで交換されています.

　Skypeなどのボイス・チャット・サービスも,無料で世界中に通話できるため,DX局同士のスケジュールQSOの打ち合わせや,情報交換などに有効に活用されています.

■ 10-6-6　そのほかのインターネット上のサービス

　アマチュア無線との連携はできませんが,アマチュア無線による交信を再現したQsoNetのCQ100(年間US 32ドルの有料サービス)や,インターネットを利用した電信による交信を実現したCWCOMなどが,世界中のアマチュア無線家から好評を博しています.

　また,無線からパケット通信で送られる位置情報付きの各種情報をリアルタイムで共有するAPRS(Automatic Packet Reporting System)も,近年はインターネットを利用して全世界と接続されています.メーカー製のトランシーバの一部に機能が搭載されたため,日本でも利用者が増加しているようです.

　さらに,Google Mapを利用したグリッド・ロケーター計算サービスなど,アマチュア無線に関する便利なサービスが,世界中のアマチュア無線家によって提供されています.

　アマチュア無線におけるPCの積極的な活用について紹介しました.これからのアマチュア無線ではPCが必須になると思われます.本章が,これからアマチュア無線を楽しまれる皆さんのお役に立つことを願っています.

図10-12
ミニブログ・サービスTwitter
リアルタイムの情報交換がアマチュア無線の楽しさを広げてくれる

10-6　アマチュア無線におけるインターネットの利用

COLUMN　役立つWebページ紹介

　アマチュア無線を楽しむ上で参考になるWebページと，アマチュア無線用ソフトウェアが入手できるWebページを紹介します．

　ここに紹介しているWebページからさまざまな情報やソフトウェアをダウンロードして，あなたのハムライフに役立ててください．

表10-A　アマチュア無線に役立つWebページ

名称/URL	紹介
社団法人 日本アマチュア無線連盟（JARL） http://www.jarl.org	日本のアマチュア無線家の利益を代表する社団法人
財団法人 日本アマチュア無線振興協会（JARD） http://www.jard.or.jp/	アマチュア無線技士の養成課程講習会の主催，アマチュア無線機の保証認定などを行っている財団法人
財団法人 日本無線協会 http://www.nichimu.or.jp/	アマチュア無線技士の国家試験を行っている財団法人
TSS 保証事業部 http://www.tsscom.co.jp/	技術基準適合証明を取得している無線機以外で，アマチュア局を開設する場合に必要な保証認定業務を行っている会社
日本アマチュア無線機器工業会（JAIA） http://www.jaia.or.jp/	日本国内のアマチュア無線機器メーカーやアマチュア無線機器販売店で構成されている業界団体
総務省 電波利用ホームページ http://www.tele.soumu.go.jp/	アマチュア局の担当省庁である総務省の電波行政に関するWebサイト．アマチュア局の各種申請に関わる書類の書式をダウンロード可能
総務省 電波利用 電子申請・届出システム http://www.denpa.soumu.go.jp/public/	アマチュア局に関わる各種申請をインターネット経由で行えるWebサイト．ただし利用には，事前に住民基本台帳カードとICカード・リーダーの準備が必要
総務省 電波利用 電子申請・届出システム Lite http://www.denpa.soumu.go.jp/public2/	アマチュア局に関わる各種申請をインターネット経由で行えるWebサイト．このWebサイトからIDとパスワードを申請すると利用可能．ただし，IDとパスワードは郵送で取得する
DX Super Index http://www001.upp.so-net.ne.jp/ji1cyx/dx.html	国内外のアマチュア無線関連Webサイトのリンク集
QTC-Japan http://www.qtc-japan.net/2001/	アマチュア無線関連 読者参加型オンライン・マガジン
FB NEWS http://www.fbnews.jp	月刊FBニュース編集部が発行するWebマガジン．国内外の情報を掲載し，運用，人物紹介，技術解説などさまざまなジャンルを網羅しています
hamlife.jp http://www.hamlife.jp/	インターネット上のさまざまなアマチュア無線関連の情報を紹介しているWebサイト．最新情報が多数掲載されています
Vector（アマチュア無線カテゴリ） http://www.vector.co.jp/vpack/filearea/win/home/ham/	日本国内最大のソフトウェア検索サイト
The DX Zone（Software カテゴリ） http://www.dxzone.com/catalog/Software/	世界的に有名なアマチュア無線Webサイト・リンク集（英語）
Mac Ham Radio http://www.machamradio.com/	MacOS用のアマチュア無線関連ソフトウェア・リンク集（英語）
HAM SOFT http://radio.linux.org.au/	Linux用のアマチュア無線関連ソフトウェア・リンク集（英語）
日本アマチュア衛星通信協会（JAMSAT） http://www.jamsat.or.jp/	アマチュア衛星に興味を持つ会員によって構成されている非営利団体のWebサイト
アマチュア衛星通信初心者のための wiki http://wiki.livedoor.jp/amateursatellites/	アマチュア衛星通信の初心者向け解説サイト．初心者用にとても役立つ情報が満載
JARL D-STAR プロジェクト http://www.jarl.com/d-star/	JARLのワイヤレスネットワーク委員会のD-STARに関するWebサイト

表10-A　アマチュア無線に役立つWebページ（つづき）

名称/URL	紹介
D-STAR NEWS http://blog.goo.ne.jp/jarl_lab2	JARL技術研究所が開設しているD-STARの最新ニュースが掲載されるWeblog
D-STAR 技術情報 http://d-star.at.webry.info/	7M3TJZ 安田さんが開設． D-STARの最新の技術情報が掲載されるWeblog
DX Summit http://www.dxsummit.fi/DxSpots.aspx	世界中のアマチュア無線家に利用されているインターネット・クラスター． 2008年の開設10周年を期に，リニューアル
DXSCAPE http://www.dxscape.com/	日本国内では利用者が一番多い，老舗のインターネット・クラスター
Jクラスタ http://qrv.jp/	国内交信専門のインターネット・クラスター．JCC, JCGハンティングをはじめ，各種のアワードを楽しんでいるアマチュア無線家に人気
aprs fi http://ja.aprs.fi	Google mapと連携して，さまざまなAPRSの運用状況を確認できるWebサイト
CQ出版社 http://www.cqpub.co.jp/	CQ ham radioをはじめ，アマチュア無線やエレクトロニクス関係の雑誌，書籍を出版

表10-B　アマチュア無線用ソフトウェアの入手先

カテゴリー

ソフト名	作者	コメント
対応OS	URL	

● 電子業務日誌（ログ）

TurboHAMLOG	JG1MOU 浜田さん	日本のアマチュア無線家の多くが使っている電子ログ・ソフトウェア
Windows	http://www.hamlog.com/	
Logger32	K4CY Bob Furzer さん	世界中のDXerが使っている電子ログ・ソフトウェア．DXingに便利な，さまざまな機能が満載されている． 日本語の入力には対応していないが，JA1NLX 吉田さんにより，画面の日本語化が行われてる．
Windows	http://www.logger32.net/（配布元） http://www.asahi-net.or.jp/~yy7a-ysd/ （JA1NLXによるサポート・サイト）	
MacLoggerDX	Dog Park Software Ltd.	AppleのMacOSに対応した電子ログ・ソフトウェア． 現代の電子ログ・ソフトウェアに求められる機能は，ほぼ網羅されている．Google Earthとの連携も可能（US 95ドルの有料ソフトウェア）．英語版
MacOS(9, X)	http://www.dogparksoftware.com/MacLoggerDX.html	
CQRLOG	OK2CQR Petr Hlozek さん	Linuxに対応した電子ログ・ソフトウェア． 無線機制御用ライブラリhamlibの利用で，140種類以上の無線機の制御に対応している．現代の電子ログ・ソフトウェアに求められる機能は，ほぼ網羅されている．英語版
Linux	http://www.cqrlog.com/	

● QSLカード印刷

MMQSL	JE3HHT 森さん	Turbo HAMLOGなどの電子ログ・ソフトウェアからデータを読み込み，データをQSLカードに印刷するソフトウェア．QSLカードはマウスを使ってパーツを動かし，視覚的にデザインすることができる
Windows	http://www33.ocn.ne.jp/~je3hht/mmqsl/index.html	
BV7	DF3CB Bernd Koch さん	ADIFフォーマットのデータなどを読み込み，SASE用のラベル印刷などを行うソフトウェア．英語版
Windows	http://www.df3cb.com/bv/index.html	

表10-B　アマチュア無線用ソフトウェアの入手先（つづき）

● 各種申請書類印刷

局免印刷	JK1IQK 鈴木さん	データを画面上で入力するだけで，各種のアマチュア局用申請書類の印刷を可能にするソフトウェア
Windows	http://www.ne.jp/asahi/radio/jk1iqk/kyokumen.htm	

● デジタルモード

MMTTY	JE3HHT 森さん	PCのサウンドカードを利用して，RTTYの送受信を実現したソフトウェア．RTTYの送信には，FSKも使用可能．世界中のアマチュア無線家に使われている
Windows	http://www33.ocn.ne.jp/~je3hht/mmtty/index.html	
MMSSTV	JE3HHT 森さん	PCのサウンドカードを利用して，SSTVの送受信を実現したソフトウェア．世界中のアマチュア無線家に使われている
Windows	http://www33.ocn.ne.jp/~je3hht/mmsstv/	
EasyPal	VK4AES Erik Sundstrup さん	日本国内で多くのアマチュア無線家が使っているデジタルSSTV用ソフトウェア
Windows	http://vk4aes.com/（最新版ダウンロード先）	
MMVARI	JE3HHT 森さん	MMVARIコードを利用したPSK通信が可能なソフトウェア．通常のPSK31やRTTY（AFSKのみ）の運用もサポートされている
Windows	http://www33.ocn.ne.jp/~je3hht/mmvari/index.html	
MixW	UT2UZ Nick Fedoseev さん，UU9JDR Denis Nechitailov さん	幅広いモード（BPSK31，QPSK31，FSK31，RTTY，MFSK，Hellschreiber，MT63，SSTV，CWなど）に対応するソフトウェア（US 50ドルの有料ソフトウェア）．JA1SCW 日下さんのサポートにより日本語化されているので，英語が苦手でも安心して使用できる
Windows	http://www.mixw.net/	
cocoaModem	W7AY Kok S Chen さん	MacOSX用のデジタルモード・ソフトウェア．RTTY（FSKも可能），PSK（BPSK31，QPSK31，BPSK63，QPSK63），MFSK，Hellschreibe，CWなどの幅広いモードに対応している．英語版
MacOSX	http://homepage.mac.com/chen/w7ay/cocoaModem/index.html	
fldigi	W1HKJ David Freese さん	Linux用のデジタルモード・ソフトウェア．幅広いモードに対応．英語版
Linux	http://www.w1hkj.com/Fldigi.html	

● デジタル音声通信

WinDRM	HB9TLK Francesco Lanza さん	短波帯のデジタル放送規格であるDRMを，アマチュア無線用に実装したデジタル音声通信ソフトウェア（受信用）
Windows	http://n1su.com/windrm/	
DRMDV	HB9TLK Francesco Lanza さん	短波帯のデジタル放送規格であるDRMを，アマチュア無線用に実装したデジタル音声通信ソフトウェア（送信用）
Windows	http://n1su.com/drmdv/	
FDMDV	HB9TLK Francesco Lanza さん	DRMよりさらに狭帯域（1.1kHz）で音声通信を行うことが可能なデジタル音声通信用ソフトウェア
Windows	http://n1su.com/fdmdv/	

● 電信（CW）送受信

Digital Sound CW（DSCW）	JA3CLM 高木さん	和文電信の送信と受信（解読）が可能な電信送受信ソフトウェア．欧文の送受信も可能
Windows	http://www.geocities.jp/ja3clm	
CwGet	DX Soft	電信受信（解読）用ソフトウェア（US 35ドルの有料ソフトウェア）．英語版
Windows	http://www.dxsoft.com/en/products/cwget/	

表10-B　アマチュア無線用ソフトウェアの入手先（つづき）

CwType Windows	DX Soft http://www.dxsoft.com/en/products/cwtype/	電信送信用ソフトウェア．英語版
CW Skimmer Windows	Afreet Software, Inc. http://www.dxatlas.com/CwSkimmer/	受信帯域内の複数の電信を同時に解読できる電信受信(解読)用ソフトウェア(US 75ドルの有料ソフトウェア)．英語版
Black Cat CW Keyer MacOSX	Black Cat Systems http://www.blackcatsystems.com/software/bccwkeyer.html	MacOSX用の電信送信ソフトウェア (US 19.99ドルの有料ソフトウェア)
cqhRcvCW Windows	JA5CQH 吉原さん http://homepage3.nifty.com/giga-toolbox/~CQHpc.htm	電信解読用ソフトウェア．13帯域同時に解読することで，細かな周波数合わせが不要(フリーソフト)

● 無線機制御

Ham Radio Deluxe Windows	HB9DRV Simon Brown さん http://www.ham-radio-deluxe.com/	数多くの無線機に対応した，無線機のコントロール・ソフトウェア．世界中のアマチュア無線家に使われている．美しい画面と優れた操作性が特徴．英語版

● コンテスト

zLog for Windows Windows	東京大学アマチュア無線クラブ (JA1ZLO) http://www.zlog.org/	MS-DOS時代から蓄積した実績と容易な操作性から，日本の多くのアマチュア無線家に使われているコンテスト・ロギング・ソフトウェア．ネットワーク接続により，複数のPCを使ったマルチオペレータ運用にも対応する
Radio Contest Log(RTCL) Windows	JK1IQK 鈴木さん http://www.ne.jp/asahi/radio/jk1iqk/rtcl4.htm	以前のバージョンはRTTY(やPSK31などの文字通信系)コンテストに特化していたが，現在は，電信や電話のコンテストにも対応している．コンテスト中におけるコンピュータの操作を必要最小限にする強力な自動化機能が特徴で，操作に慣れるととても効率的なコンテスト運用を行える
Ctestwin Windows	JI1AQY 堀内さん http://e.gmobb.jp/ctestwin/Downlod.html(配布元)	とても多くのコンテストに対応しているコンテスト・ロギング・ソフトウェア．精力的なバージョンアップで，どんどん使いやすく発展している
N1MM-Logger + Windows	N1MM-Logger 開発チーム http://n1mm.hamdocs.com/ (配布元) http://www2.ezbbs.net/31/n1mm/ (N1MM-Logger Q&A 掲示板)	世界中のアマチュア無線家が使用している有名なコンテスト・ロギング・ソフトウェア．国際的な開発チームにより，頻繁にバージョンアップが行われている．日本では，JE1CKA 熊谷さんが中心となって，ソフトウェアのサポートが行われている
E-LOG MAKER Windows	JK1IQK 鈴木 功 http://www.jarl.org/Japanese/1_Tanoshimo/1-1_Contest/Contest.htm	JARLが配布するコンテスト用ロギング・ソフトです．手書きログをJARLコンテスト用電子ログに変換して電子メールで提出できるツールです．Turbo HAMLOGからのデータも取り込める

● アマチュア衛星通信

CALSAT32 Windows	JR1HUO 相田さん http://homepage1.nifty.com/aida/jr1huo_calsat32/index.html	インターネット経由での衛星の軌道要素の入手，軌道要素から得られる衛星の位置計算，無線機やアンテナ・ローテータの自動制御などの，衛星通信に必要なすべての機能を備えた，日本で一番よく使われているアマチュア衛星通信総合ソフトウェア

表10-B　アマチュア無線用ソフトウェアの入手先（つづき）

Orbitron	Sebastian Stoff さん	美しい画面が特徴の衛星トラッキング・ソフトウェア．同時に2万個の衛星起動要素データを読み込み，追跡可能．無線機やローテーターの制御機能も搭載されている．
Windows	http://www.stoff.pl/index.php	なお，このソフトウェアは作者に絵葉書を送ると使用権が得られる「ポストカードウェア」．英語版

● インターネット VoIP 通信

EchoLink	K1RFD Jonathan P Taylor さん	世界中のリンク局やレピータ局とリンクされており，インターネット経由で世界中のアマチュア無線局と交信が行えるシステム
Windows	http://www.echolink.org/	
Internet Radio Linking Project (IRLP)	VE7LTD David Cameron さん	eQSO や EchoLink は PC からの交信が可能だが，IRLP は無線機からのみ交信が可能なシステム．日本ではまだ利用者が少ないが，世界的にはたくさんのアマチュア無線家が利用している
Linux	http://www.irlp.net/	
WIRES-X	八重洲無線株式会社	八重洲無線(株)が主導しているシステムで，無線機からのみ交信が可能です．C4FM デジタル音声モード通信にも対応した WIRES-X に移行しています
Windows	http://www.yaesu.com/jp	

資料編1　JCC/JCG/区番号リスト

2021年9月1日現在

以降に記載したものはJARLが制定しているJCC/JCG/区番号リストです．JARLが発行するJCC/JCG/WACA/WAGA/AJAなどのアワードを申請するために必要です．このリストは，市町村合併や政令指定都市への移行などにより，変更されることがあります．

細字で表記しているものは，市町村合併などにより消滅した市郡区です．JCC/JCG/AJAは市郡区が消滅する前に行った交信もアワードに有効なので合わせて掲載します．

北海道 01 （現存35市，67郡，10区）

JCCナンバー	市名	読み
0101	札幌	さっぽろ
0102	旭川	あさひかわ
0103	小樽	おたる
0104	函館	はこだて
0105	室蘭	むろらん
0106	釧路	くしろ
0107	帯広	おびひろ
0108	北見	きたみ
0109	夕張	ゆうばり
0110	岩見沢	いわみざわ
0111	網走	あばしり
0112	留萌	るもい
0113	苫小牧	とまこまい
0114	稚内	わっかない
0115	美唄	びばい
0116	芦別	あしべつ
0117	江別	えべつ
0118	赤平	あかびら
0119	紋別	もんべつ
0120	士別	しべつ
0121	名寄	なよろ
0122	三笠	みかさ
0123	根室	ねむろ
0124	千歳	ちとせ
0125	滝川	たきかわ
0126	砂川	すながわ
0127	歌志内	うたしない
0128	深川	ふかがわ
0129	富良野	ふらの
0130	登別	のぼりべつ
0131	恵庭	えにわ
0132	亀田	かめだ
0133	伊達	だて
0134	北広島	きたひろしま
0135	石狩	いしかり
0136	北斗	ほくと

JCGナンバー	郡名	読み
01001	阿寒	あかん
01002	足寄	あしょろ
01003	厚岸	あっけし
01004	厚田	あった
01005	網走	あばしり
01006	虻田(後志)	あぶた(しりべし)
01007	虻田(胆振)	あぶた(いぶり)
01008	石狩	いしかり
01009	磯谷	いそや
01010	岩内	いわない
01011	有珠	うす
01012	歌棄	うたすつ
01013	浦河	うらかわ
01014	雨竜(空知)	うりゅう(そらち)
01015	枝幸	えさし
01016	奥尻	おくしり
01017	忍路	おしょろ
01018	河西	かさい
01019	河東	かとう
01020	樺戸	かばと
01021	上磯	かみいそ
01022	上川(十勝)	かみかわ(とかち)
01023	上川(上川)	かみかわ(かみかわ)
01024	亀田	かめだ
01025	茅部	かやべ
01026	川上	かわかみ
01027	釧路	くしろ
01028	久遠	くどう
01029	札幌	さっぽろ
01030	様似	さまに
01031	沙流	さる
01032	静内	しずない
01033	標津	しべつ
01034	島牧	しままき
01035	積丹	しゃこたん
01036	斜里	しゃり
01037	白老	しらおい
01038	白糠	しらぬか
01039	寿都	すっつ
01040	瀬棚	せたな
01041	宗谷	そうや
01042	空知(空知)	そらち(そらち)
01043	空知(上川)	そらち(かみかわ)
01044	千歳	ちとせ
01045	天塩(留萌)	てしお(るもい)
01046	天塩(宗谷)	てしお(そうや)
01047	十勝	とかち
01048	常呂	ところ
01049	苫前	とままえ
01050	中川(上川)	なかがわ(かみかわ)
01051	中川(十勝)	なかがわ(とかち)
01052	新冠	にいかっぷ
01053	爾志	にし
01054	根室	ねむろ
01055	野付	のつけ
01056	花咲	はなさき
01057	浜益	はまます
01058	美国	びくに
01059	檜山	ひやま
01060	広尾	ひろお
01061	太櫓	ふとろ
01062	古宇	ふるう
01063	古平	ふるびら
01064	幌泉	ほろいずみ
01065	幌別	ほろべつ
01066	増毛	ましけ
01067	松前	まつまえ
01068	三石	みついし
01069	目梨	めなし
01070	紋別	もんべつ
01071	山越	やまこし
01072	夕張	ゆうばり
01073	勇払(胆振)	ゆうふつ(いぶり)
01074	勇払(上川)	ゆうふつ(かみかわ)
01075	余市	よいち
01076	利尻	りしり
01077	留萌	るもい
01078	礼文	れぶん
01079	二海	ふたみ
01080	日高	ひだか
01081	雨竜(上川)	うりゅう(かみかわ)

区ナンバー	区名	読み

札幌市(0101)

010101	中央	ちゅうおう
010102	北	きた
010103	東	ひがし
010104	白石	しろいし
010105	豊平	とよひら
010106	南	みなみ
010107	西	にし
010108	厚別	あっべつ
010109	手稲	ていね
010110	清田	きよた

青森 02 （現存10市，8郡）

JCCナンバー	市名	読み
0201	青森	あおもり
0202	弘前	ひろさき
0203	八戸	はちのへ
0204	黒石	くろいし
0205	五所川原	ごしょがわら
0206	十和田	とわだ
0207	三沢	みさわ
0208	むつ	むつ
0209	つがる	つがる
0210	平川	ひらかわ

JCGナンバー	郡名	読み
02001	上北	かみきた
02002	北津軽	きたつがる
02003	三戸	さんのへ
02004	下北	しもきた
02005	中津軽	なかつがる
02006	西津軽	にしつがる
02007	東津軽	ひがしつがる
02008	南津軽	みなみつがる

岩手 03 （現存13市，11郡）

JCCナンバー	市名	読み
0301	盛岡	もりおか
0302	釜石	かまいし
0303	宮古	みやこ
0304	一関	いちのせき
0305	大船渡	おおふなと
0306	水沢	みずさわ
0307	花巻	はなまき
0308	北上	きたかみ
0309	久慈	くじ
0310	遠野	とおの
0311	陸前高田	りくぜんたかた
0312	江刺	えさし
0313	二戸	にのへ
0314	八幡平	はちまんたい
0315	奥州	おうしゅう
0316	滝沢	たきざわ

JCGナンバー	郡名	読み
03001	胆沢	いさわ

JCCナンバー	市名	読み
03002	岩手	いわて
03003	江刺	えさし
03004	上閉伊	かみへい
03005	九戸	くのへ
03006	気仙	けせん
03007	下閉伊	しもへい
03008	紫波	しわ
03009	西磐井	にしいわい
03010	二戸	にのへ
03011	稗貫	ひえぬき
03012	東磐井	ひがしいわい
03013	和賀	わが

秋田 04 （現存13市, 6郡）

JCCナンバー	市名	読み
0401	秋田	あきた
0402	能代	のしろ
0403	大館	おおだて
0404	横手	よこて
0405	本荘	ほんじょう
0406	男鹿	おが
0407	湯沢	ゆざわ
0408	大曲	おおまがり
0409	鹿角	かづの
0410	由利本荘	ゆりほんじょう
0411	潟上	かたがみ
0412	大仙	だいせん
0413	北秋田	きたあきた
0414	にかほ	にかほ
0415	仙北	せんぼく

JCGナンバー	郡名	読み
04001	雄勝	おがち
04002	鹿角	かづの
04003	河辺	かわべ
04004	北秋田	きたあきた
04005	仙北	せんぼく
04006	平鹿	ひらか
04007	南秋田	みなみあきた
04008	山本	やまもと
04009	由利	ゆり

山形 05 （現存13市, 8郡）

JCCナンバー	市名	読み
0501	山形	やまがた
0502	米沢	よねざわ
0503	鶴岡	つるおか
0504	酒田	さかた
0505	新庄	しんじょう
0506	寒河江	さがえ
0507	上山	かみのやま
0508	村山	むらやま
0509	長井	ながい
0510	天童	てんどう
0511	東根	ひがしね
0512	尾花沢	おばなざわ
0513	南陽	なんよう

JCGナンバー	郡名	読み
05001	飽海	あくみ
05002	北村山	きたむらやま
05003	西置賜	にしおきたま
05004	西田川	にしたがわ
05005	西村山	にしむらやま
05006	東置賜	ひがしおきたま
05007	東田川	ひがしたがわ
05008	東村山	ひがしむらやま
05009	南置賜	みなみおきたま
05010	南村山	みなみむらやま
05011	最上	もがみ

宮城 06 （現存13市, 10郡, 5区）

JCCナンバー	市名	読み
0601	仙台	せんだい
0602	石巻	いしのまき
0603	塩竈	しおがま
0604	古川	ふるかわ
0605	気仙沼	けせんぬま
0606	白石	しろいし
0607	名取	なとり
0608	角田	かくだ
0609	多賀城	たがじょう
0610	泉	いずみ
0611	岩沼	いわぬま
0612	登米	とめ
0613	栗原	くりはら
0614	東松島	ひがしまつしま
0615	大崎	おおさき
0616	富谷	とみや

JCGナンバー	郡名	読み
06001	伊具	いぐ
06002	牡鹿	おしか
06003	刈田	かった
06004	加美	かみ
06005	栗原	くりはら
06006	黒川	くろかわ
06007	志田	しだ
06008	柴田	しばた
06009	玉造	たまつくり
06010	遠田	とおだ
06011	登米	とめ
06012	名取	なとり
06013	宮城	みやぎ
06014	本吉	もとよし
06015	桃生	ものう
06016	亘理	わたり

区ナンバー 区名 読み

仙台市（0601）

060101	青葉	あおば
060102	宮城野	みやぎの
060103	若林	わかばやし
060104	太白	たいはく
060105	泉	いずみ

福島 07 （現存13市, 13郡）

JCCナンバー	市名	読み
0701	福島	ふくしま
0702	会津若松	あいづわかまつ
0703	郡山	こおりやま
0704	平	たいら
0705	白河	しらかわ
0706	原町	はらまち
0707	須賀川	すかがわ
0708	喜多方	きたかた
0709	常磐	じょうばん
0710	磐城	いわき
0711	相馬	そうま
0712	内郷	うちごう
0713	勿来	なこそ
0714	二本松	にほんまつ
0715	いわき	いわき
0716	若松	わかまつ
0717	田村	たむら
0718	南相馬	みなみそうま
0719	伊達	だて
0720	本宮	もとみや

JCGナンバー	郡名	読み
07001	安積	あさか
07002	安達	あだち
07003	石川	いしかわ
07004	石城	いし
07005	岩瀬	いわせ
07006	大沼	おおぬま
07007	河沼	かわぬま
07008	北会津	きたあいづ
07009	信夫	しのぶ
07010	相馬	そうま
07011	伊達	だて
07012	田村	たむら
07013	西白河	にししらかわ
07014	東白川	ひがししらかわ
07015	双葉	ふたば
07016	南会津	みなみあいづ
07017	耶麻	やま

新潟 08 （現存20市, 10郡, 8区）

JCCナンバー	市名	読み
0801	新潟	にいがた
0802	長岡	ながおか
0803	高田	たかだ
0804	三条	さんじょう
0805	柏崎	かしわざき
0806	新発田	しばた
0807	新津	にいつ
0808	小千谷	おぢや
0809	加茂	かも
0810	十日町	とおかまち
0811	見附	みつけ
0812	村上	むらかみ
0813	燕	つばめ
0814	直江津	なおえつ
0815	栃尾	とちお
0816	糸魚川	いといがわ
0817	新井	あらい
0818	五泉	ごせん
0819	両津	りょうつ
0820	白根	しろね
0821	豊栄	とよさか
0822	上越	じょうえつ
0823	阿賀野	あがの
0824	佐渡	さど
0825	魚沼	うおぬま
0826	南魚沼	みなみうおぬま
0827	妙高	みょうこう
0828	胎内	たいない

JCGナンバー	郡名	読み
08001	岩船	いわふね
08002	刈羽	かりわ
08003	北魚沼	きたうおぬま
08004	北蒲原	きたかんばら
08005	古志	こし
08006	佐渡	さど
08007	三島	さんとう
08008	中魚沼	なかうおぬま
08009	中蒲原	なかかんばら
08010	中頸城	なかくびき
08011	西蒲原	にしかんばら
08012	西頸城	にしくびき
08013	東蒲原	ひがしかんばら
08014	東頸城	ひがしくびき
08015	南魚沼	みなみうおぬま
08016	南蒲原	みなみかんばら

区ナンバー 区名 読み

新潟市（0801）

080101	北	きた
080102	東	ひがし
080103	中央	ちゅうおう
080104	江南	こうなん
080105	秋葉	あきは
080106	南	みなみ
080107	西	にし
080108	西蒲	にしかん

長野 09 （現存19市, 14郡）

JCCナンバー	市名	読み
0901	長野	ながの
0902	松本	まつもと
0903	上田	うえだ
0904	岡谷	おかや
0905	飯田	いいだ
0906	諏訪	すわ
0907	須坂	すざか
0908	小諸	こもろ
0909	伊那	いな
0910	駒ヶ根	こまがね
0911	中野	なかの
0912	大町	おおまち

JCCナンバー	市名	読み
0913	飯山	いいやま
0914	茅野	ちの
0915	塩尻	しおじり
0916	篠ノ井	しののい
0917	更埴	こうしょく
0918	佐久	さく
0919	千曲	ちくま
0920	東御	とうみ
0921	安曇野	あずみの

JCGナンバー	郡名	読み
09001	上伊那	かみいな
09002	上高井	かみたかい
09003	上水内	かみみのち
09004	木曽	きそ
09005	北安曇	きたあずみ
09006	北佐久	きたさく
09007	更級	さらしな
09008	下伊那	しもいな
09009	下高井	しもたかい
09010	下水内	しもみのち
09011	諏訪	すわ
09012	小県	ちいさがた
09013	（欠番）	
09014	埴科	はにしな
09015	東筑摩	ひがしちくま
09016	南安曇	みなみあずみ
09017	南佐久	みなみさく

東京 10 （現存27市、5郡、23区）

JCCナンバー	市名	読み
100101	千代田	ちよだ
100102	中央	ちゅうおう
100103	港	みなと
100104	新宿	しんじゅく
100105	文京	ぶんきょう
100106	台東	たいとう
100107	墨田	すみだ
100108	江東	こうとう
100109	品川	しながわ
100110	目黒	めぐろ
100111	大田	おおた
100112	世田谷	せたがや
100113	渋谷	しぶや
100114	中野	なかの
100115	杉並	すぎなみ
100116	豊島	としま
100117	北	きた
100118	荒川	あらかわ
100119	板橋	いたばし
100120	練馬	ねりま
100121	足立	あだち
100122	葛飾	かつしか
100123	江戸川	えどがわ
1001	東京23区	とうきょう23く
1002	八王子	はちおうじ
1003	立川	たちかわ
1004	武蔵野	むさしの
1005	三鷹	みたか
1006	青梅	おうめ
1007	府中	ふちゅう
1008	昭島	あきしま
1009	調布	ちょうふ
1010	町田	まちだ
1011	小金井	こがねい
1012	小平	こだいら
1013	日野	ひの
1014	東村山	ひがしむらやま
1015	国分寺	こくぶんじ
1016	国立	くにたち
1017	保谷	ほうや
1018	田無	たなし
1019	福生	ふっさ
1020	狛江	こまえ
1021	東大和	ひがしやまと
1022	清瀬	きよせ
1023	東久留米	ひがしくるめ
1024	武蔵村山	むさしむらやま
1025	多摩	たま
1026	稲城	いなぎ
1027	秋川	あきがわ
1028	羽村	はむら
1029	あきる野	あきるの
1030	西東京	にしとうきょう

JCGナンバー	郡名	読み
10001	北多摩	きたたま
10002	西多摩	にしたま
10003	南多摩	みなみたま
10004	大島支庁	おおしまししょう
	大島	おおしま
	利島	としま
	新島	にいじま
	神津島	こうづしま
10005	三宅支庁	みやけしちょう
	三宅島	みやけじま
	御蔵島	みくらじま
10006	八丈支庁	はちじょうしちょう
	八丈島	はちじょうじま
	青ヶ島	あおがしま
	鳥島	とりしま
10007	小笠原支庁	おがさわらしちょう
	父島	ちちじま
	母島	ははじま
	硫黄島	いおうじま
	沖の鳥島	おきのとりしま
	南鳥島	みなみとりしま

神奈川 11 （現存19市、6郡、25区）

JCCナンバー	市名	読み
1101	横浜	よこはま
1102	横須賀	よこすか
1103	川崎	かわさき
1104	平塚	ひらつか
1105	鎌倉	かまくら
1106	藤沢	ふじさわ
1107	小田原	おだわら
1108	茅ヶ崎	ちがさき
1109	逗子	ずし
1110	相模原	さがみはら
1111	三浦	みうら
1112	秦野	はだの
1113	厚木	あつぎ
1114	大和	やまと
1115	伊勢原	いせはら
1116	海老名	えびな
1117	座間	ざま
1118	南足柄	みなみあしがら
1119	綾瀬	あやせ

JCGナンバー	郡名	読み
11001	愛甲	あいこう
11002	足柄上	あしがらかみ
11003	足柄下	あしがらしも
11004	高座	こうざ
11005	津久井	つくい
11006	中	なか
11007	三浦	みうら

区ナンバー	区名	読み
横浜市(1101)		
110101	鶴見	つるみ
110102	神奈川	かながわ
110103	西	にし
110104	中	なか
110105	南	みなみ
110106	保土ヶ谷	ほどがや
110107	磯子	いそご
110108	金沢	かなざわ
110109	港北	こうほく
110110	戸塚	とつか
110111	港南	こうなん
110112	旭	あさひ
110113	緑	みどり
110114	瀬谷	せや
110115	栄	さかえ
110116	泉	いずみ
110117	青葉	あおば
110118	都筑	つづき
川崎市(1103)		
110301	川崎	かわさき
110302	幸	さいわい
110303	中原	なかはら
110304	高津	たかつ
110305	多摩	たま
110306	宮前	みやまえ
110307	麻生	あさお
相模原市(1110)		
111001	緑	みどり
111002	中央	ちゅうおう
111003	南	みなみ

千葉 12 （現存36市、6郡、6区）

JCCナンバー	市名	読み
1201	千葉	ちば
1202	銚子	ちょうし
1203	市川	いちかわ
1204	船橋	ふなばし
1205	館山	たてやま
1206	木更津	きさらづ
1207	松戸	まつど
1208	野田	のだ
1209	佐原	さわら
1210	茂原	もばら
1211	成田	なりた
1212	佐倉	さくら
1213	東金	とうがね
1214	八日市場	ようかいちば
1215	旭	あさひ
1216	習志野	ならしの
1217	柏	かしわ
1218	勝浦	かつうら
1219	市原	いちはら
1220	流山	ながれやま
1221	八千代	やちよ
1222	我孫子	あびこ
1223	鴨川	かもがわ
1224	君津	きみつ
1225	鎌ヶ谷	かまがや
1226	富津	ふっつ
1227	浦安	うらやす
1228	四街道	よつかいどう
1229	袖ヶ浦	そでがうら
1230	八街	やちまた
1231	印西	いんざい
1232	白井	しろい
1233	富里	とみさと
1234	南房総	みなみぼうそう
1235	匝瑳	そうさ
1236	香取	かとり
1237	山武	さんむ
1238	いすみ	いすみ
1239	大網白里	おおあみしらさと

JCGナンバー	郡名	読み
12001	安房	あわ
12002	夷隅	いすみ
12003	市原	いちはら
12004	印旛	いんば
12005	海上	かいじょう
12006	香取	かとり
12007	君津	きみつ
12008	山武	さんむ
12009	匝瑳	そうさ
12010	千葉	ちば
12011	長生	ちょうせい
12012	東葛飾	ひがしかつしか

区ナンバー	区名	読み
千葉市(1201)		
120101	中央	ちゅうおう
120102	花見川	はなみがわ
120103	稲毛	いなげ
120104	若葉	わかば
120105	緑	みどり

120106	美 浜	みはま

埼玉 13 （現存40市, 9郡, 10区）

JCCナンバー	市 名	読 み
1301	浦 和	うらわ
1302	川 越	かわごえ
1303	熊 谷	くまがや
1304	川 口	かわぐち
1305	大 宮	おおみや
1306	行 田	ぎょうだ
1307	秩 父	ちちぶ
1308	所 沢	ところざわ
1309	飯 能	はんのう
1310	加 須	かぞ
1311	本 庄	ほんじょう
1312	東松山	ひがしまつやま
1313	岩 槻	いわつき
1314	春日部	かすかべ
1315	狭 山	さやま
1316	羽 生	はにゅう
1317	鴻 巣	こうのす
1318	深 谷	ふかや
1319	上 尾	あげお
1320	与 野	よ の
1321	草 加	そうか
1322	越 谷	こしがや
1323	蕨	わらび
1324	戸 田	とだ
1325	入 間	いるま
1326	鳩ヶ谷	はとがや
1327	朝 霞	あさか
1328	志 木	しき
1329	和 光	わこう
1330	新 座	にいざ
1331	桶 川	おけがわ
1332	久 喜	くき
1333	北 本	きたもと
1334	八 潮	やしお
1335	上福岡	かみふくおか
1336	富士見	ふじみ
1337	三 郷	さとう
1338	蓮 田	はすだ
1339	坂 戸	さかど
1340	幸 手	さって
1341	鶴ヶ島	つるがしま
1342	日 高	ひだか
1343	吉 川	よしかわ
1344	さいたま	さいたま
1345	ふじみ野	ふじみの
1346	白 岡	しらおか

JCGナンバー	郡 名	読 み
13001	入 間	いるま
13002	大 里	おおさと
13003	北足立	きたあだち
13004	北葛飾	きたかつしか
13005	北埼玉	きたさいたま
13006	児 玉	こだま
13007	秩 父	ちちぶ
13008	比 企	ひき
13009	南埼玉	みなみさいたま

区ナンバー	区 名	読 み
さいたま市(1344)		
134401	西	にし
134402	北	きた
134403	大 宮	おおみや
134404	見 沼	みぬま
134405	中 央	ちゅうおう
134406	桜	さくら
134407	浦 和	うらわ
134408	南	みなみ
134409	緑	みどり
134410	岩 槻	いわつき

茨城 14 （現存32市, 7郡）

JCCナンバー	市 名	読 み
1401	水 戸	みと
1402	日 立	ひたち
1403	土 浦	つちうら
1404	古 河	こが
1405	石 岡	いしおか
1406	下 館	しもだて
1407	結 城	ゆうき
1408	龍ヶ崎	りゅうがさき
1409	那珂湊	なかみなと
1410	下 妻	しもつま
1411	水海道	みつかいどう
1412	常陸太田	ひたちおおた
1413	勝 田	かつた
1414	高 萩	たかはぎ
1415	北茨城	きたいばらき
1416	笠 間	かさま
1417	取 手	とりで
1418	岩 井	いわい
1419	牛 久	うしく
1420	つくば	つくば
1421	ひたちなか	ひたちなか
1422	鹿 嶋	かしま
1423	潮 来	いたこ
1424	守 谷	もりや
1425	常陸大宮	ひたちおおみや
1426	那 珂	なか
1427	筑 西	ちくせい
1428	坂 東	ばんどう
1429	稲 敷	いなしき
1430	かすみがうら	かすみがうら
1431	桜 川	さくらがわ
1432	神 栖	かみす
1433	行 方	なめがた
1434	鉾 田	ほこた
1435	常 総	じょうそう
1436	つくばみらい	つくばみらい
1437	小美玉	おみたま

JCGナンバー	郡 名	読 み
14001	稲 敷	いなしき
14002	鹿 島	かしま
14003	北相馬	きたそうま
14004	久 慈	くじ
14005	猿 島	さしま
14006	多 賀	たが
14007	筑 波	つくば
14008	那 珂	なか
14009	行 方	なめがた
14010	新 治	にいはり
14011	西茨城	にしいばらき
14012	東茨城	ひがしいばらき
14013	真 壁	まかべ
14014	結 城	ゆうき

栃木 15 （現存14市, 6郡）

JCCナンバー	市 名	読 み
1501	宇都宮	うつのみや
1502	足 利	あしかが
1503	栃 木	とちぎ
1504	佐 野	さの
1505	鹿 沼	かぬま
1506	日 光	にっこう
1507	今 市	いまいち
1508	小 山	おやま
1509	真 岡	もおか
1510	大田原	おおたわら
1511	矢 板	やいた
1512	黒 磯	くろいそ
1513	那須塩原	なすしおばら
1514	さくら	さくら
1515	那須烏山	なすからすやま
1516	下 野	しもつけ

JCGナンバー	郡 名	読 み
15001	足 利	あしかが
15002	安 蘇	あそ
15003	上都賀	かみつが
15004	河 内	かわち
15005	塩 谷	しおや
15006	下都賀	しもつが
15007	那 須	なす
15008	芳 賀	はが

群馬 16 （現存12市, 8郡）

JCCナンバー	市 名	読 み
1601	前 橋	まえばし
1602	高 崎	たかさき
1603	桐 生	きりゅう
1604	伊勢崎	いせさき
1605	太 田	おおた
1606	沼 田	ぬまた
1607	館 林	たてばやし
1608	渋 川	しぶかわ
1609	藤 岡	ふじおか
1610	富 岡	とみおか
1611	安 中	あんなか
1612	みどり	みどり

JCGナンバー	郡 名	読 み
16001	吾 妻	あがつま
16002	碓 氷	うすい
16003	邑 楽	おうら
16004	甘 楽	かんら
16005	北群馬	きたぐんま
16006	群 馬	ぐんま
16007	佐 波	さわ
16008	勢 多	せた
16009	多 野	たの
16010	利 根	とね
16011	新 田	にった
16012	山 田	やまだ

山梨 17 （現存13市, 5郡）

JCCナンバー	市 名	読 み
1701	甲 府	こうふ
1702	富士吉田	ふじよしだ
1703	塩 山	えんざん
1704	都 留	つる
1705	山 梨	やまなし
1706	大 月	おおつき
1707	韮 崎	にらさき
1708	南アルプス	みなみあるぷす
1709	北 杜	ほくと
1710	甲 斐	かい
1711	笛 吹	ふえふき
1712	上野原	うえのはら
1713	甲 州	こうしゅう
1714	中 央	ちゅうおう

JCGナンバー	郡 名	読 み
17001	北巨摩	きたこま
17002	北都留	きたつる
17003	中巨摩	なかこま
17004	西八代	にしやつしろ
17005	東八代	ひがしやつしろ
17006	東山梨	ひがしやまなし
17007	南巨摩	みなみこま
17008	南都留	みなみつる

静岡 18 （現存23市, 9郡, 10区）

JCCナンバー	市 名	読 み
1801	静 岡	しずおか
1802	浜 松	はままつ
1803	沼 津	ぬまづ
1804	清 水	しみず
1805	熱 海	あたみ
1806	三 島	みしま
1807	富士宮	ふじのみや
1808	伊 東	いとう
1809	島 田	しまだ
1810	吉 原	よしわら
1811	磐 田	いわた
1812	焼 津	やいづ
1813	富 士	ふじ
1814	掛 川	かけがわ

JCCナンバー	市名	読み
1815	藤枝	ふじえだ
1816	御殿場	ごてんば
1817	袋井	ふくろい
1818	天竜	てんりゅう
1819	浜北	はまきた
1820	下田	しもだ
1821	裾野	すその
1822	湖西	こさい
1823	伊豆	いず
1824	御前崎	おまえざき
1825	菊川	きくがわ
1826	伊豆の国	いずのくに
1827	牧之原	まきのはら

JCGナンバー	郡名	読み
18001	安倍	あべ
18002	引佐	いなさ
18003	庵原	いはら
18004	磐田	いわた
18005	小笠	おがさ
18006	賀茂	かも
18007	志太	しだ
18008	周智	しゅうち
18009	駿東	すんとう
18010	田方	たがた
18011	榛原	はいばら
18012	浜名	はまな
18013	富士	ふじ

区ナンバー	区名	読み
静岡市(1801)		
180101	葵	あおい
180102	駿河	するが
180103	清水	しみず
浜松市(1802)		
180201	中	なか
180202	東	ひがし
180203	西	にし
180204	南	みなみ
180205	北	きた
180206	浜北	はまきた
180207	天竜	てんりゅう

岐阜 19 (現存21市, 9郡)
JCCナンバー	市名	読み
1901	岐阜	ぎふ
1902	大垣	おおがき
1903	高山	たかやま
1904	多治見	たじみ
1905	関	せき
1906	中津川	なかつがわ
1907	美濃	みの
1908	瑞浪	みずなみ
1909	羽島	はしま
1910	恵那	えな
1911	美濃加茂	みのかも
1912	土岐	とき
1913	各務原	かかみがはら
1914	可児	かに
1915	山県	やまがた
1916	瑞穂	みずほ
1917	飛騨	ひだ
1918	本巣	もとす
1919	郡上	ぐじょう
1920	下呂	げろ
1921	海津	かいづ

JCGナンバー	郡名	読み
19001	安八	あんぱち
19002	稲葉	いなば
19003	揖斐	いび
19004	恵那	えな
19005	大野	おおの
19006	海津	かいづ
19007	可児	かに
19008	加茂	かも
19009	郡上	ぐじょう
19010	土岐	とき
19011	羽島	はしま
19012	不破	ふわ
19013	益田	ました
19014	武儀	むぎ
19015	本巣	もとす
19016	山県	やまがた
19017	養老	ようろう
19018	吉城	よしき

愛知 20 (現存35市, 10郡, 16区)
JCCナンバー	市名	読み
2001	名古屋	なごや
2002	豊橋	とよはし
2003	岡崎	おかざき
2004	一宮	いちのみや
2005	瀬戸	せと
2006	半田	はんだ
2007	春日井	かすがい
2008	豊川	とよかわ
2009	津島	つしま
2010	碧南	へきなん
2011	刈谷	かりや
2012	豊田	とよた
2013	安城	あんじょう
2014	西尾	にしお
2015	蒲郡	がまごおり
2016	犬山	いぬやま
2017	常滑	とこなめ
2018	守山	もりやま
2019	江南	こうなん
2020	尾西	びさい
2021	小牧	こまき
2022	稲沢	いなざわ
2023	新城	しんしろ
2024	東海	とうかい
2025	大府	おおぶ
2026	知多	ちた
2027	高浜	たかはま
2028	知立	ちりゅう
2029	尾張旭	おわりあさひ
2030	岩倉	いわくら
2031	豊明	とよあけ
2032	日進	にっしん
2033	田原	たはら
2034	愛西	あいさい
2035	清須	きよす
2036	北名古屋	きたなごや
2037	弥富	やとみ
2038	みよし	みよし
2039	あま	あま
2040	長久手	ながくて

JCGナンバー	郡名	読み
20001	愛知	あいち
20002	渥美	あつみ
20003	海部	あま
20004	北設楽	きたしたら
20005	知多	ちた
20006	中島	なかしま
20007	西春日井	にしかすがい
20008	西加茂	にしかも
20009	丹羽	にわ
20010	額田	ぬかた
20011	葉栗	はぐり
20012	幡豆	はず
20013	東春日井	ひがしかすがい
20014	東加茂	ひがしかも
20015	碧海	へきかい
20016	宝飯	ほい
20017	南設楽	みなみしたら
20018	八名	やな

区ナンバー	区名	読み
名古屋市(2001)		
200101	千種	ちくさ
200102	東	ひがし
200103	北	きた
200104	西	にし
200105	中村	なかむら
200106	中	なか
200107	昭和	しょうわ
200108	瑞穂	みずほ
200109	熱田	あつた
200110	中川	なかがわ
200111	港	みなと
200112	南	みなみ
200113	守山	もりやま
200114	緑	みどり
200115	名東	めいとう
200116	天白	てんぱく

三重 21 (現存14市, 7郡)
JCCナンバー	市名	読み
2101	津	つ
2102	四日市	よっかいち
2103	伊勢	いせ
2104	松阪	まつさか
2105	桑名	くわな
2106	上野	うえの
2107	鈴鹿	すずか
2108	名張	なばり
2109	尾鷲	おわせ
2110	亀山	かめやま
2111	鳥羽	とば
2112	熊野	くまの
2113	久居	ひさい
2114	宇治山田	うじやまだ
2115	いなべ	いなべ
2116	志摩	しま
2117	伊賀	いが

JCGナンバー	郡名	読み
21001	安芸	あげ
21002	安濃	あの
21003	阿山	あやま
21004	飯南	いいなん
21005	一志	いちし
21006	員弁	いなべ
21007	河芸	かわげ
21008	北牟婁	きたむろ
21009	桑名	くわな
21010	志摩	しま
21011	鈴鹿	すずか
21012	多気	たき
21013	名賀	なが
21014	三重	みえ
21015	南牟婁	みなみむろ
21016	度会	わたらい

京都 22 (現存15市, 6郡, 11区)
JCCナンバー	市名	読み
2201	京都	きょうと
2202	福知山	ふくちやま
2203	舞鶴	まいづる
2204	綾部	あやべ
2205	宇治	うじ
2206	宮津	みやづ
2207	亀岡	かめおか
2208	城陽	じょうよう
2209	長岡京	ながおかきょう
2210	向日	むこう
2211	八幡	やわた
2212	京田辺	きょうたなべ
2213	京丹後	きょうたんご
2214	南丹	なんたん
2215	木津川	きづがわ

JCGナンバー	郡名	読み
22001	天田	あまだ
22002	何鹿	いかるが
22003	乙訓	おとくに
22004	加佐	かさ
22005	北桑田	きたくわだ
22006	久世	くせ

JCCナンバー	市名	読み
22007	熊野	くまの
22008	相楽	そうらく
22009	竹野	たけの
22010	綴喜	つづき
22011	中	なか
22012	船井	ふない
22013	南桑田	みなみくわだ
22014	与謝	よさ

京都市(2201)

区ナンバー	区名	読み
220101	北	きた
220102	上京	かみぎょう
220103	左京	さきょう
220104	中京	なかぎょう
220105	東山	ひがしやま
220106	下京	しもぎょう
220107	南	みなみ
220108	右京	うきょう
220109	伏見	ふしみ
220110	山科	やましな
220111	西京	にしきょう

滋賀 23 （現存13市, 5郡）

JCCナンバー	市名	読み
2301	大津	おおつ
2302	彦根	ひこね
2303	長浜	ながはま
2304	近江八幡	おうみはちまん
2305	八日市	ようかいち
2306	草津	くさつ
2307	守山	もりやま
2308	栗東	りっとう
2309	甲賀	こうか
2310	野洲	やす
2311	湖南	こなん
2312	高島	たかしま
2313	東近江	ひがしおうみ
2314	米原	まいばら

JCGナンバー	郡名	読み
23001	伊香	いか
23002	犬上	いぬかみ
23003	愛知	えち
23004	蒲生	がもう
23005	神崎	かんざき
23006	栗太	くりた
23007	甲賀	こうか
23008	坂田	さかた
23009	滋賀	しが
23010	高島	たかしま
23011	東浅井	ひがしあざい
23012	野洲	やす

奈良 24 （現存12市, 7郡）

JCCナンバー	市名	読み
2401	奈良	なら
2402	大和高田	やまとたかだ
2403	大和郡山	やまとこおりやま
2404	天理	てんり
2405	橿原	かしはら
2406	桜井	さくらい
2407	五條	ごじょう
2408	御所	ごせ
2409	生駒	いこま
2410	香芝	かしば
2411	葛城	かつらぎ
2412	宇陀	うだ

JCGナンバー	郡名	読み
24001	生駒	いこま
24002	宇陀	うだ
24003	宇智	うち
24004	北葛城	きたかつらぎ
24005	磯城	しき
24006	添上	そえかみ
24007	高市	たかいち
24008	南葛城	みなみかつらぎ
24009	山辺	やまべ
24010	吉野	よしの

大阪 25 （現存33市, 5郡, 31区）

JCCナンバー	市名	読み
2501	大阪	おおさか
2502	堺	さかい
2503	岸和田	きしわだ
2504	豊中	とよなか
2505	布施	ふせ
2506	池田	いけだ
2507	吹田	すいた
2508	泉大津	いずみおおつ
2509	高槻	たかつき
2510	貝塚	かいづか
2511	守口	もりぐち
2512	枚方	ひらかた
2513	茨木	いばらき
2514	八尾	やお
2515	泉佐野	いずみさの
2516	富田林	とんだばやし
2517	寝屋川	ねやがわ
2518	河内長野	かわちながの
2519	枚岡	ひらおか
2520	河内	かわち
2521	松原	まつばら
2522	大東	だいとう
2523	和泉	いずみ
2524	箕面	みのお
2525	柏原	かしわら
2526	羽曳野	はびきの
2527	門真	かどま
2528	摂津	せっつ
2529	藤井寺	ふじいでら
2530	高石	たかいし
2531	東大阪	ひがしおおさか
2532	泉南	せんなん
2533	四條畷	しじょうなわて
2534	交野	かたの
2535	大阪狭山	おおさかさやま
2536	阪南	はんなん

JCGナンバー	郡名	読み
25001	北河内	きたかわち
25002	泉南	せんなん
25003	泉北	せんぼく
25004	豊能	とよの
25005	中河内	なかかわち
25006	三島	みしま
25007	南河内	みなみかわち

大阪市(2501)

区ナンバー	区名	読み
250101	北	きた
250102	都島	みやこじま
250103	福島	ふくしま
250104	此花	このはな
250105	東	ひがし
250106	西	にし
250107	港	みなと
250108	大正	たいしょう
250109	天王寺	てんのうじ
250110	南	みなみ
250111	浪速	なにわ
250112	大淀	おおよど
250113	西淀川	にしよどがわ
250114	東淀川	ひがしよどがわ
250115	東成	ひがしなり
250116	生野	いくの
250117	旭	あさひ
250118	城東	じょうとう
250119	阿倍野	あべの
250120	住吉	すみよし
250121	東住吉	ひがしすみよし
250122	西成	にしなり
250123	淀川	よどがわ
250124	鶴見	つるみ
250125	住之江	すみのえ
250126	平野	ひらの
250127	中央	ちゅうおう

堺市(2502)

250201	堺	さかい
250202	中	なか
250203	東	ひがし
250204	西	にし
250205	南	みなみ
250206	北	きた
250207	美原	みはら

和歌山 26 （現存9市, 6郡）

JCCナンバー	市名	読み
2601	和歌山	わかやま
2602	新宮	しんぐう
2603	海南	かいなん
2604	田辺	たなべ
2605	御坊	ごぼう
2606	橋本	はしもと
2607	有田	ありだ
2608	紀の川	きのかわ
2609	岩出	いわで

JCGナンバー	郡名	読み
26001	有田	ありだ
26002	伊都	いと
26003	海草	かいそう
26004	那賀	なが
26005	西牟婁	にしむろ
26006	東牟婁	ひがしむろ
26007	日高	ひだか

兵庫 27 （現存29市, 8郡, 9区）

JCCナンバー	市名	読み
2701	神戸	こうべ
2702	姫路	ひめじ
2703	尼崎	あまがさき
2704	明石	あかし
2705	西宮	にしのみや
2706	洲本	すもと
2707	芦屋	あしや
2708	伊丹	いたみ
2709	相生	あいおい
2710	豊岡	とよおか
2711	加古川	かこがわ
2712	龍野	たつの
2713	赤穂	あこう
2714	西脇	にしわき
2715	宝塚	たからづか
2716	三木	みき
2717	高砂	たかさご
2718	川西	かわにし
2719	小野	おの
2720	三田	さんだ
2721	加西	かさい
2722	篠山	ささやま
2723	養父	やぶ
2724	丹波	たんば
2725	南あわじ	みなみあわじ
2726	朝来	あさご
2727	淡路	あわじ
2728	宍粟	しそう
2729	加東	かとう
2730	たつの	たつの
2731	丹波篠山	たんばささやま

JCGナンバー	郡名	読み
27001	赤穂	あこう
27002	朝来	あさご
27003	有馬	ありま
27004	出石	いずし
27005	揖保	いぼ
27006	印南	いんなみ
27007	加古	かこ
27008	加西	かさい

JCCナンバー	市名	読み
27009	加東	かとう
27010	川辺	かわべ
27011	神崎	かんざき
27012	城崎	きのさき
27013	佐用	さよう
27014	飾磨	しかま
27015	宍粟	しそう
27016	多可	たか
27017	多紀	たき
27018	津名	つな
27019	氷上	ひかみ
27020	美方	みかた
27021	美嚢	みのう
27022	三原	みはら
27023	武庫	むこ
27024	養父	やぶ

区ナンバー	区名	読み
神戸市(2701)		
270101	東灘	ひがしなだ
270102	灘	なだ
270103	兵庫	ひょうご
270104	長田	ながた
270105	須磨	すま
270106	垂水	たるみ
270107	北	きた
270108	中央	ちゅうおう
270109	西	にし
270110	葺合	ふきあい
270111	生田	いくた

富山 28 （現存10市, 2郡）

JCCナンバー	市名	読み
2801	富山	とやま
2802	高岡	たかおか
2803	新湊	しんみなと
2804	魚津	うおづ
2805	氷見	ひみ
2806	滑川	なめりかわ
2807	黒部	くろべ
2808	砺波	となみ
2809	小矢部	おやべ
2810	南砺	なんと
2811	射水	いみず

JCCナンバー	郡名	読み
28001	射水	いみず
28002	上新川	かみにいかわ
28003	下新川	しもにいかわ
28004	中新川	なかにいかわ
28005	西砺波	にしとなみ
28006	婦負	ねい
28007	氷見	ひみ
28008	東砺波	ひがしとなみ

福井 29 （現存9市, 7郡）

JCCナンバー	市名	読み
2901	福井	ふくい
2902	敦賀	つるが
2903	武生	たけふ
2904	小浜	おばま
2905	大野	おおの
2906	勝山	かつやま
2907	鯖江	さばえ
2908	あわら	あわら
2909	越前	えちぜん
2910	坂井	さかい

JCCナンバー	郡名	読み
29001	足羽	あすわ
29002	今立	いまだて
29003	大飯	おおい
29004	大野	おおの
29005	遠敷	おにゅう
29006	坂井	さかい
29007	敦賀	つるが
29008	南条	なんじょう
29009	丹生	にゅう
29010	三方	みかた
29011	吉田	よしだ
29012	三方上中	みかたかみなか

石川 30 （現存10市, 6郡）

JCCナンバー	市名	読み
3001	金沢	かなざわ
3002	七尾	ななお
3003	小松	こまつ
3004	輪島	わじま
3005	珠洲	すず
3006	加賀	かが
3007	羽咋	はくい
3008	松任	まっとう
3009	かほく	かほく
3010	白山	はくさん
3011	能美	のみ
3012	野々市	ののいち

JCCナンバー	郡名	読み
30001	石川	いしかわ
30002	江沼	えぬま
30003	鹿島	かしま
30004	河北	かほく
30005	珠洲	すず
30006	能美	のみ
30007	羽咋	はくい
30008	鳳至	ふげし
30009	鳳珠	ほうす

岡山 31 （現存15市, 10郡）

JCCナンバー	市名	読み
3101	岡山	おかやま
3102	倉敷	くらしき
3103	津山	つやま
3104	玉野	たまの
3105	児島	こじま
3106	玉島	たましま
3107	笠岡	かさおか
3108	西大寺	さいだいじ
3109	井原	いばら
3110	総社	そうじゃ
3111	高梁	たかはし
3112	新見	にいみ
3113	備前	びぜん
3114	瀬戸内	せとうち
3115	赤磐	あかいわ
3116	真庭	まにわ
3117	美作	みまさか
3118	浅口	あさくち

JCCナンバー	郡名	読み
31001	英田	あいだ
31002	赤磐	あかいわ
31003	浅口	あさくち
31004	阿哲	あてつ
31005	邑久	おく
31006	小田	おだ
31007	勝田	かつた
31008	川上	かわかみ
31009	吉備	きび
31010	久米	くめ
31011	児島	こじま
31012	後月	しつき
31013	上道	じょうとう
31014	上房	じょうぼう
31015	都窪	つくぼ
31016	苫田	とまた
31017	真庭	まにわ
31018	御津	みつ
31019	和気	わけ
31020	加賀	かが

区ナンバー	区名	読み
岡山市(3101)		
310101	北	きた
310102	中	なか
310103	東	ひがし
310104	南	みなみ

島根 32 （現存8市, 7郡）

JCCナンバー	市名	読み
3201	松江	まつえ
3202	浜田	はまだ
3203	出雲	いずも
3204	益田	ますだ
3205	大田	おおだ
3206	安来	やすぎ
3207	江津	ごうつ
3208	平田	ひらた
3209	雲南	うんなん

JCGナンバー	郡名	読み
32001	安濃	あの
32002	海士	あま
32003	飯石	いいし
32004	邑智	おおち
32005	大原	おおはら
32006	隠岐	おき
32007	隠地	おち
32008	鹿足	かのあし
32009	周吉	すき
32010	知夫	ちぶ
32011	那賀	なか
32012	仁多	にた
32013	迩摩	にま
32014	能義	のぎ
32015	簸川	ひかわ
32016	美濃	みの
32017	八束	やつか

山口 33 （現存13市, 4郡）

JCCナンバー	市名	読み
3301	山口	やまぐち
3302	下関	しものせき
3303	宇部	うべ
3304	萩	はぎ
3305	徳山	とくやま
3306	防府	ほうふ
3307	下松	くだまつ
3308	岩国	いわくに
3309	小野田	おのだ
3310	光	ひかり
3311	長門	ながと
3312	柳井	やない
3313	美祢	みね
3314	新南陽	しんなんよう
3315	周南	しゅうなん
3316	山陽小野田	さんようおのだ

JCGナンバー	郡名	読み
33001	厚狭	あさ
33002	阿武	あぶ
33003	大島	おおしま
33004	大津	おおつ
33005	玖珂	くが
33006	熊毛	くまげ
33007	佐波	さば
33008	都濃	つの
33009	豊浦	とようら
33010	美祢	みね
33011	吉敷	よしき

鳥取 34 （現存4市, 5郡）

JCCナンバー	市名	読み
3401	鳥取	とっとり
3402	倉吉	くらよし
3403	米子	よなご
3404	境港	さかいみなと

香川 36 （現存8市，5郡）

JCCナンバー	市名	読み
3601	高松	たかまつ
3602	丸亀	まるがめ
3603	坂出	さかいで
3604	善通寺	ぜんつうじ
3605	観音寺	かんおんじ
3606	さぬき	さぬき
3607	東かがわ	ひがしかがわ
3608	三豊	みとよ

JCGナンバー	郡名	読み
36001	綾歌	あやうた
36002	大川	おおかわ
36003	香川	かがわ
36004	木田	きた
36005	小豆	しょうず
36006	仲多度	なかたど
36007	三豊	みとよ

徳島 37 （現存8市，8郡）

JCCナンバー	市名	読み
3701	徳島	とくしま
3702	鳴門	なると
3703	小松島	こまつしま
3704	阿南	あなん
3705	吉野川	よしのがわ
3706	阿波	あわ
3707	美馬	みま
3708	三好	みよし

JCGナンバー	郡名	読み
37001	阿波	あわ
37002	板野	いたの
37003	麻植	おえ
37004	海部	かいふ
37005	勝浦	かつうら
37006	那賀	なか
37007	名西	みょうざい
37008	名東	みょうどう
37009	美馬	みま
37010	三好	みよし

愛媛 38 （現存11市，7郡）

JCCナンバー	市名	読み
3801	松山	まつやま
3802	今治	いまばり
3803	宇和島	うわじま
3804	八幡浜	やわたはま
3805	新居浜	にいはま
3806	西条	さいじょう
3807	大洲	おおず
3808	伊予三島	いよみしま
3809	川之江	かわのえ
3810	伊予	いよ
3811	北条	ほうじょう
3812	東予	とうよ
3813	四国中央	しこくちゅうおう
3814	西予	せいよ
3815	東温	とうおん

JCGナンバー	郡名	読み
38001	伊予	いよ
38002	宇摩	うま
38003	越智	おち
38004	温泉	おんせん
38005	上浮穴	かみうけな
38006	喜多	きた
38007	北宇和	きたうわ
38008	周桑	しゅうそう
38009	新居	にい
38010	西宇和	にしうわ
38011	東宇和	ひがしうわ
38012	南宇和	みなみうわ

高知 39 （現存11市，6郡）

JCCナンバー	市名	読み
3901	高知	こうち
3902	室戸	むろと
3903	安芸	あき
3904	土佐	とさ
3905	須崎	すさき
3906	中村	なかむら
3907	宿毛	すくも
3908	土佐清水	とさしみず
3909	南国	なんこく
3910	四万十	しまんと
3911	香南	こうなん
3912	香美	かみ

JCGナンバー	郡名	読み
39001	吾川	あがわ
39002	安芸	あき
39003	香美	かみ
39004	高岡	たかおか
39005	土佐	とさ
39006	長岡	ながおか
39007	幡多	はた

福岡 40 （現存28市，13郡，14区）

JCCナンバー	市名	読み
4001	福岡	ふくおか
4002	小倉	こくら
4003	門司	もじ
4004	八幡	やはた
4005	戸畑	とばた
4006	若松	わかまつ
4007	久留米	くるめ
4008	大牟田	おおむた
4009	直方	のおがた
4010	飯塚	いいづか
4011	田川	たがわ
4012	柳川	やながわ
4013	甘木	あまぎ
4014	山田	やまだ
4015	八女	やめ
4016	筑後	ちくご
4017	大川	おおかわ
4018	行橋	ゆくはし
4019	豊前	ぶぜん
4020	中間	なかま
4021	北九州	きたきゅうしゅう
4022	小郡	おごおり
4023	春日	かすが
4024	筑紫野	ちくしの
4025	大野城	おおのじょう
4026	宗像	むなかた
4027	太宰府	だざいふ
4028	前原	まえばる
4029	古賀	こが
4030	福津	ふくつ
4031	うきは	うきは
4032	宮若	みやわか
4033	嘉麻	かま
4034	朝倉	あさくら
4035	みやま	みやま
4036	糸島	いとしま
4037	那珂川	なかがわ

JCGナンバー	郡名	読み
40001	朝倉	あさくら
40002	糸島	いとしま
40003	浮羽	うきは
40004	遠賀	おんが
40005	糟屋	かすや
40006	嘉穂	かほ
40007	鞍手	くらて
40008	早良	さわら
40009	田川	たがわ
40010	筑紫	ちくし
40011	築上	ちくじょう
40012	三井	みい
40013	三池	みいけ
40014	三潴	みずま
40015	京都	みやこ
40016	宗像	むなかた
40017	山門	やまと
40018	八女	やめ

広島 35 （現存14市，5郡，8区）

JCCナンバー	市名	読み
3501	広島	ひろしま
3502	呉	くれ
3503	竹原	たけはら
3504	三原	みはら
3505	尾道	おのみち
3506	因島	いんのしま
3507	松永	まつなが
3508	福山	ふくやま
3509	府中	ふちゅう
3510	三次	みよし
3511	庄原	しょうばら
3512	大竹	おおたけ
3513	東広島	ひがしひろしま
3514	廿日市	はつかいち
3515	安芸高田	あきたかた
3516	江田島	えたじま

JCGナンバー	郡名	読み
35001	安芸	あき
35002	安佐	あさ
35003	芦品	あしな
35004	賀茂	かも
35005	甲奴	こうぬ
35006	佐伯	さえき
35007	神石	じんせき
35008	世羅	せら
35009	高田	たかた
35010	豊田	とよた
35011	沼隈	ぬまくま
35012	比婆	ひば
35013	深安	ふかやす
35014	双三	ふたみ
35015	御調	みつぎ
35016	山県	やまがた

広島市（3501）

区ナンバー	区名	読み
350101	中	なか
350102	東	ひがし
350103	南	みなみ
350104	西	にし
350105	安佐南	あさみなみ
350106	安佐北	あさきた
350107	安芸	あき
350108	佐伯	さえき

鳥取 34

JCGナンバー	郡名	読み
34001	岩美	いわみ
34002	気高	けたか
34003	西伯	さいはく
34004	東伯	とうはく
34005	日野	ひの
34006	八頭	やず

福岡市（4001）

区ナンバー	区名	読み
400101	東	ひがし
400102	博多	はかた
400103	中央	ちゅうおう
400104	南	みなみ
400105	西	にし
400106	城南	じょうなん
400107	早良	さわら

北九州市（4021）

区ナンバー	区名	読み
402101	門司	もじ
402102	若松	わかまつ
402103	戸畑	とばた
402104	小倉北	こくらきた
402105	小倉南	こくらみなみ

JCCナンバー	市名	読み
402106	八幡東	やはたひがし
402107	八幡西	やはたにし
402108	八幡	やはた
402109	小倉	こくら

佐賀 41 （現存10市, 6郡）

JCCナンバー	市名	読み
4101	佐賀	さが
4102	唐津	からつ
4103	鳥栖	とす
4104	多久	たく
4105	伊万里	いまり
4106	武雄	たけお
4107	鹿島	かしま
4108	小城	おぎ
4109	嬉野	うれしの
4110	神埼	かんざき

JCGナンバー	郡名	読み
41001	小城	おぎ
41002	神埼	かんざき
41003	杵島	きしま
41004	佐賀	さが
41005	西松浦	にしまつうら
41006	東松浦	ひがしまつうら
41007	藤津	ふじつ
41008	三養基	みやき

長崎 42 （現存13市, 4郡）

JCCナンバー	市名	読み
4201	長崎	ながさき
4202	佐世保	させぼ
4203	島原	しまばら
4204	諫早	いさはや
4205	大村	おおむら
4206	福江	ふくえ
4207	平戸	ひらど
4208	松浦	まつうら
4209	対馬	つしま
4210	壱岐	いき
4211	五島	ごとう
4212	西海	さいかい
4213	雲仙	うんぜん
4214	南島原	みなみしまばら

JCGナンバー	郡名	読み
42001	壱岐	いき
42002	上県	かみがた
42003	北高来	きたたかき
42004	北松浦	きたまつうら
42005	下県	しもがた
42006	西彼杵	にしそのぎ
42007	東彼杵	ひがしそのぎ
42008	南高来	みなみたかき
42009	南松浦	みなみまつうら

熊本 43 （現存14市, 10郡）

JCCナンバー	市名	読み
4301	熊本	くまもと
4302	八代	やつしろ
4303	人吉	ひとよし
4304	荒尾	あらお
4305	水俣	みなまた
4306	玉名	たまな
4307	本渡	ほんど
4308	山鹿	やまが
4309	牛深	うしぶか
4310	菊池	きくち
4311	宇土	うと
4312	上天草	かみあまくさ
4313	宇城	うき
4314	阿蘇	あそ
4315	天草	あまくさ
4316	合志	こうし

JCGナンバー	郡名	読み
43001	葦北	あしきた
43002	阿蘇	あそ
43003	天草	あまくさ
43004	宇土	うと
43005	上益城	かみましき
43006	鹿本	かもと
43007	菊池	きくち
43008	球磨	くま
43009	下益城	しもましき
43010	玉名	たまな
43011	飽託	ほうたく
43012	八代	やつしろ

区ナンバー	区名	読み
430101	中央	ちゅうおう
430102	東	ひがし
430103	西	にし
430104	南	みなみ
430105	北	きた

大分 44 （現存14市, 3郡）

JCCナンバー	市名	読み
4401	大分	おおいた
4402	別府	べっぷ
4403	中津	なかつ
4404	日田	ひた
4405	佐伯	さいき
4406	臼杵	うすき
4407	津久見	つくみ
4408	竹田	たけた
4409	鶴崎	つるさき
4410	豊後高田	ぶんごたかだ
4411	杵築	きつき
4412	宇佐	うさ
4413	豊後大野	ぶんごおおの
4414	由布	ゆふ
4415	国東	くにさき

JCGナンバー	郡名	読み
44001	宇佐	うさ
44002	大分	おおいた
44003	大野	おおの
44004	北海部	きたあまべ
44005	玖珠	くす
44006	下毛	しもげ
44007	直入	なおいり
44008	西国東	にしくにさき
44009	速見	はやみ
44010	東国東	ひがしくにさき
44011	日田	ひた
44012	南海部	みなみあまべ

宮崎 45 （現存9市, 8郡）

JCCナンバー	市名	読み
4501	宮崎	みやざき
4502	都城	みやこのじょう
4503	延岡	のべおか
4504	日南	にちなん
4505	小林	こばやし
4506	日向	ひゅうが
4507	串間	くしま
4508	西都	さいと
4509	えびの	えびの

JCGナンバー	郡名	読み
45001	北諸県	きたもろかた
45002	児湯	こゆ
45003	西臼杵	にしうすき
45004	西諸県	にしもろかた
45005	東臼杵	ひがしうすき
45006	東諸県	ひがしもろかた
45007	南那珂	みなみなか
45008	宮崎	みやざき

鹿児島 46 （現存18市, 9郡）

JCCナンバー	市名	読み
4601	鹿児島	かごしま
4602	川内	せんだい
4603	鹿屋	かのや
4604	枕崎	まくらざき
4605	串木野	くしきの
4606	阿久根	あくね
4607	出水	いずみ
4608	名瀬	なぜ
4609	大口	おおくち
4610	指宿	いぶすき
4611	加世田	かせだ
4612	国分	こくぶ
4613	谷山	たにやま
4614	西之表	にしのおもて
4615	垂水	たるみず
4616	薩摩川内	さつませんだい
4617	日置	ひおき
4618	曽於	そお
4619	霧島	きりしま
4620	いちき串木野	いちきくしきの
4621	南さつま	みなみさつま
4622	志布志	しぶし
4623	奄美	あまみ
4624	南九州	みなみきゅうしゅう
4625	伊佐	いさ
4626	姶良	あいら

JCGナンバー	郡名	読み
46001	姶良	あいら
46002	伊佐	いさ
46003	出水	いずみ
46004	揖宿	いぶすき
46005	大島	おおしま
46006	鹿児島	かごしま
46007	川辺	かわなべ
46008	肝属	きもつき
46009	熊毛	くまげ
46010	薩摩	さつま
46011	曽於	そお
46012	日置	ひおき

沖縄 47 （現存11市, 5郡）

JCCナンバー	市名	読み
4701	那覇	なは
4702	石川	いしかわ
4703	平良	ひらら
4704	石垣	いしがき
4705	コザ	こざ
4706	宜野湾	ぎのわん
4707	具志川	ぐしかわ
4708	名護	なご
4709	浦添	うらそえ
4710	糸満	いとまん
4711	沖縄	おきなわ
4712	豊見城	とみぐすく
4713	うるま	うるま
4714	宮古島	みやこじま
4715	南城	なんじょう

JCGナンバー	郡名	読み
47001	国頭	くにがみ
47002	島尻	しまじり
47003	中頭	なかがみ
47004	宮古	みやこ
47005	八重山	やえやま

資料編2　クリッド・ロケーター

● グリッド・ロケーターとは

　グリッド・ロケーターとは世界を緯度・経度で細かく区切り，位置を示す場合に使用するものです．アマチュア無線では，運用地点を表すのに用いています．

　グリッド・ロケーターはWASA(Worked All Squares Award)というアワードの申請にも使用するので，できればQSLカードにも記載したい情報です．

　JA1YCQの常置場所である東京都豊島区巣鴨のグリッド・ロケーターは「PM95UR」です．最初の2文字「PM」は，世界を18×18の324区域に分けたものの1区域を表しています(**図1**)．これをフィールドと呼びます．次の2文字「95」は，フィールドをさらに10×10の100区域に分割したものを表しています．これをスクエアと呼びます(**図2**)．最後の2文字「UR」は，スクエアを24×24の576区域に分割したもので(**図3**)，サブスクエアと呼びます．これらをすべて合わせると，世界を18,662,400の区域に分けられます．

● グリッド・ロケーターの求め方

　それでは実際にグリッド・ロケーターを求めてみましょう．最初に説明したように，グリッド・ロケーターには緯度と経度が必要です．まず，グリッド・ロケーターを求めたい位置の緯度と経度を調べてください．インターネットの検索エンジンで「緯度経度」のキーワードで検索すると緯度と経度を検索できるWebページがたくさん表示されます．

　緯度と経度が分かったなら計算に入りましょう．

　グリッド・ロケーターを求めるには，

	西経																	東経
180°		120°			60°			0°			60°			120°			180°
90° 北緯	AR	BR	CR	DR	ER	FR	GR	HR	IR	JR	KR	LR	MR	NR	OR	PR	QR	RR
	AQ	BQ	CQ	DQ	EQ	FQ	GQ	HQ	IQ	JQ	KQ	LQ	MQ	NQ	OQ	PQ	QQ	RQ
60°	AP	BP	CP	DP	EP	FP	GP	HP	IP	JP	KP	LP	MP	NP	OP	PP	QP	RP
	AO	BO	CO	DO	EO	FO	GO	HO	IO	JO	KO	LO	MO	NO	OO	PO	QO	RO
	AN	BN	CN	DN	EN	FN	GN	HN	IN	JN	KN	LN	MN	NN	ON	PN	QN	RN
30°	AM	BM	CM	DM	EM	FM	GM	HM	IM	JM	KM	LM	MM	NM	OM	PM	QM	RM
	AL	BL	CL	DL	EL	FL	GL	HL	IL	JL	KL	LL	ML	NL	OL	PL	QL	RL
	AK	BK	CK	DK	EK	FK	GK	HK	IK	JK	KK	LK	MK	NK	OK	PK	QK	RK
0°	AJ	BJ	CJ	DJ	EJ	FJ	GJ	HJ	IJ	JJ	KJ	LJ	MJ	NJ	OJ	PJ	QJ	RJ
	AI	BI	CI	DI	EI	FI	GI	HI	II	JI	KI	LI	MI	NI	OI	PI	QI	RI
	AH	BH	CH	DH	EH	FH	GH	HH	IH	JH	KH	LH	MH	NH	OH	PH	QH	RH
30°	AG	BG	CG	DG	EG	FG	GG	HG	IG	JG	KG	LG	MG	NG	OG	PG	QG	RG
	AF	BF	CF	DF	EF	FF	GF	HF	IF	JF	KF	LF	MF	NF	OF	PF	QF	RF
	AE	BE	CE	DE	EE	FE	GE	HE	IE	JE	KE	LE	ME	NE	OE	PE	QE	RE
60°	AD	BD	CD	DD	ED	FD	GD	HD	ID	JD	KD	LD	MD	ND	OD	PD	QD	RD
	AC	BC	CC	DC	EC	FC	GC	HC	IC	JC	KC	LC	MC	NC	OC	PC	QC	RC
	AB	BB	CB	DB	EB	FB	GB	HB	IB	JB	KB	LB	MB	NB	OB	PB	QB	RB
90° 南緯	AA	BA	CA	DA	EA	FA	GA	HA	IA	JA	KA	LA	MA	NA	OA	PA	QA	RA

図1　フィールド

$$\frac{(経度 + 分 \div 60 + 秒 \div 3600) + 180}{20} \cdots\cdots ①$$

$$\frac{(経度 + 分 \div 60 + 秒 \div 3600) + 90}{10} \cdots\cdots ②$$

という二つの式を使います．

JA1YCQは，東経139度44分37秒・北緯35度43分45秒に位置しているので，

$$\frac{(139 + 44 \div 60 + 37 \div 3600) + 180}{20} ≒ 15.98718 \cdots\cdots ①'$$

$$\frac{(35 + 43 \div 60 + 45 \div 3600) + 90}{10} ≒ 12.57291 \cdots\cdots ②'$$

となります．

ここで出てきた答えをグリッド・ロケーターに置き換えます．

第1文字目…①'の整数部分が0ならA，1ならBと数える．15なので「P」

第2文字目…②'の整数部分が0ならA，1ならBと数える．12なので「M」

第3文字目…①'の小数点以下第1桁がそのまま第3文字目となる．ここは「9」

第4文字目…②'の小数点以下第1桁がそのまま第4文字目となる．ここは「5」

第5文字目…①'の小数点以下第2桁以降を取り出し先頭の数字を1の位に置いた後2.4を乗じ，その整数部分を第1文字目と同様にアルファベットを割り当てる．

8.718 × 2.4 = 20.930　20番目のアルファベットは「U」

第6文字目…②'を第5文字目と同様に操作し，アルファベットを割り当てる．

7.291 × 2.4 = 17.4984　17番目のアルファベットは「R」

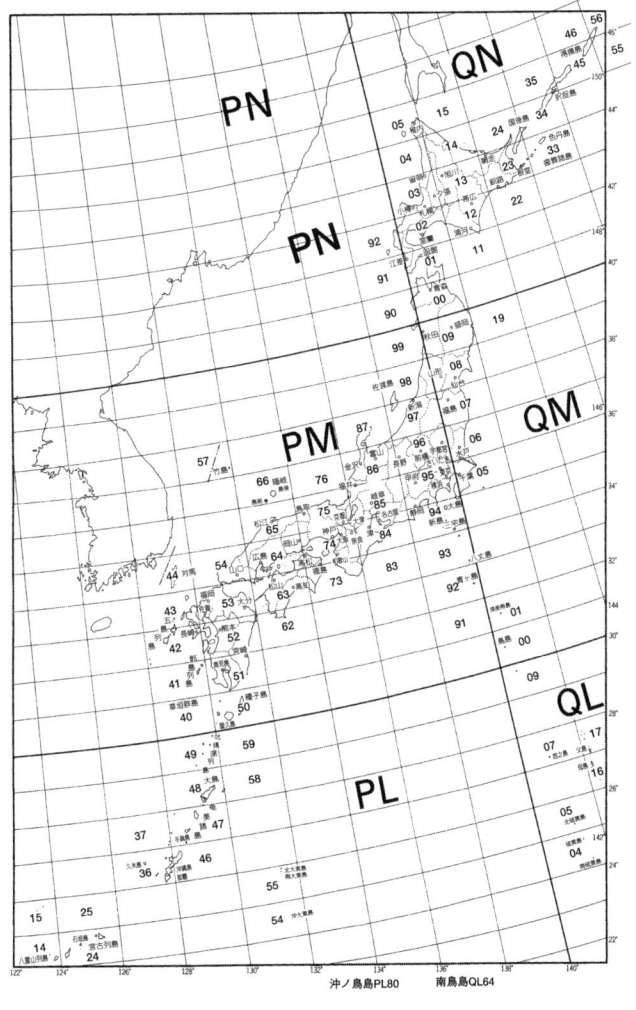

図2　日本付近のスクエア

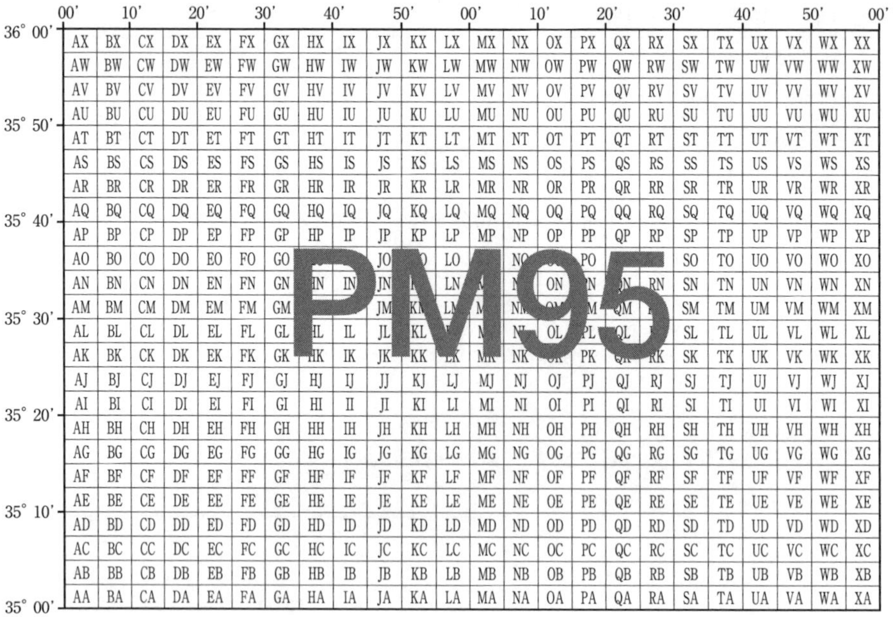

	00'	10'	20'	30'	40'	50'	00'	10'	20'	30'	40'	50'	00'
36°00'	AX	BX	CX	DX	EX	FX	GX	HX	IX	JX	KX	LX	MX	NX	OX	PX	QX	RX	SX	TX	UX	VX	WX	XX
	AW	BW	CW	DW	EW	FW	GW	HW	IW	JW	KW	LW	MW	NW	OW	PW	QW	RW	SW	TW	UW	VW	WW	XW
	AV	BV	CV	DV	EV	FV	GV	HV	IV	JV	KV	LV	MV	NV	OV	PV	QV	RV	SV	TV	UV	VV	WV	XV
35°50'	AU	BU	CU	DU	EU	FU	GU	HU	IU	JU	KU	LU	MU	NU	OU	PU	QU	RU	SU	TU	UU	VU	WU	XU
	AT	BT	CT	DT	ET	FT	GT	HT	IT	JT	KT	LT	MT	NT	OT	PT	QT	RT	ST	TT	UT	VT	WT	XT
	AS	BS	CS	DS	ES	FS	GS	HS	IS	JS	KS	LS	MS	NS	OS	PS	QS	RS	SS	TS	US	VS	WS	XS
	AR	BR	CR	DR	ER	FR	GR	HR	IR	JR	KR	LR	MR	NR	OR	PR	QR	RR	SR	TR	UR	VR	WR	XR
35°40'	AQ	BQ	CQ	DQ	EQ	FQ	GQ	HQ	IQ	JQ	KQ	LQ	MQ	NQ	OQ	PQ	QQ	RQ	SQ	TQ	UQ	VQ	WQ	XQ
	AP	BP	CP	DP	EP	FP	GP	HP	IP	JP	KP	LP	MP	NP	OP	PP	QP	RP	SP	TP	UP	VP	WP	XP
	AO	BO	CO	DO	EO	FO	GO	HO	IO	JO	KO	LO	MO	NO	OO	PO	QO	RO	SO	TO	UO	VO	WO	XO
	AN	BN	CN	DN	EN	FN	GN	HN	IN	JN	KN	LN	MN	NN	ON	PN	QN	RN	SN	TN	UN	VN	WN	XN
35°30'	AM	BM	CM	DM	EM	FM	GM	HM	IM	JM	KM	LM	MM	NM	OM	PM	QM	RM	SM	TM	UM	VM	WM	XM
	AL	BL	CL	DL	EL	FL	GL	HL	IL	JL	KL	LL	ML	NL	OL	PL	QL	RL	SL	TL	UL	VL	WL	XL
	AK	BK	CK	DK	EK	FK	GK	HK	IK	JK	KK	LK	MK	NK	OK	PK	QK	RK	SK	TK	UK	VK	WK	XK
	AJ	BJ	CJ	DJ	EJ	FJ	GJ	HJ	IJ	JJ	KJ	LJ	MJ	NJ	OJ	PJ	QJ	RJ	SJ	TJ	UJ	VJ	WJ	XJ
35°20'	AI	BI	CI	DI	EI	FI	GI	HI	II	JI	KI	LI	MI	NI	OI	PI	QI	RI	SI	TI	UI	VI	WI	XI
	AH	BH	CH	DH	EH	FH	GH	HH	IH	JH	KH	LH	MH	NH	OH	PH	QH	RH	SH	TH	UH	VH	WH	XH
	AG	BG	CG	DG	EG	FG	GG	HG	IG	JG	KG	LG	MG	NG	OG	PG	QG	RG	SG	TG	UG	VG	WG	XG
	AF	BF	CF	DF	EF	FF	GF	HF	IF	JF	KF	LF	MF	NF	OF	PF	QF	RF	SF	TF	UF	VF	WF	XF
35°10'	AE	BE	CE	DE	EE	FE	GE	HE	IE	JE	KE	LE	ME	NE	OE	PE	QE	RE	SE	TE	UE	VE	WE	XE
	AD	BD	CD	DD	ED	FD	GD	HD	ID	JD	KD	LD	MD	ND	OD	PD	QD	RD	SD	TD	UD	VD	WD	XD
	AC	BC	CC	DC	EC	FC	GC	HC	IC	JC	KC	LC	MC	NC	OC	PC	QC	RC	SC	TC	UC	VC	WC	XC
	AB	BB	CB	DB	EB	FB	GB	HB	IB	JB	KB	LB	MB	NB	OB	PB	QB	RB	SB	TB	UB	VB	WB	XB
35°00'	AA	BA	CA	DA	EA	FA	GA	HA	IA	JA	KA	LA	MA	NA	OA	PA	QA	RA	SA	TA	UA	VA	WA	XA

(図中央に大きく「PM95」と表示)

図3　サブスクエア

　この結果「PM95UR」というグリッド・ロケーターが求められました．

　いかがですか，無事に求められましたか？　でも，おそらくほとんどの方が，面倒だと思ったことでしょう．そこで，とても便利なWebページを紹介します．

● **グリッド・ロケーターが求められるWebページ**

　「Magical X Network（**http://knd.sakura.ne.jp/mxn**）」には，グリッド・ロケーターを地図上から表示させるツールが用意されています．

　トップページ左側の「ch3：ツール　グリッドロケーター計算」→「地図→グリッドロケータ/緯度・経度」へ進みます．表示された地図上の，グリッド・ロケーターを調べたい地点をダブルクリックします．クリックされた場所が地図の中央に移動し，その場所の緯度と経度そしてグリッド・ロケーターが表示されます．煩雑な計算をしなくて済むのでとても便利です．

　しかし注意点があります．表示させる地図はできるだけ詳細なものにしてください．広範囲を表示している地図では，誤差が生じる恐れがあります．

● **グリッド・ロケーターをQSLカードに入れてみませんか**

　グリッド・ロケーターが明記されたQSLカードを見ると，世界中のどの場所であってもその局の位置がわかります．最近は多くの局がグリッド・ロケーターを表示するようになりました．とても便利なものなので，自分のQSLカードにも明記してみませんか．

索 引

【数字・アルファベットなど】

- AM ……………………………………14
- ARDF …………………………………18
- CW ……………………………………14
- DXペディション …………………142
- Eスポ …………………………………13
- FM ……………………………………14
- HF帯 …………………………………11
- IARU …………………………………39
- JARL …………………………………37
- JARL NEWS …………………………40
- JARL QSLビューロー ………………38
- JARL Web ……………………………40
- JARL4大コンテスト …………41, 105
- JARLコンテスト使用周波数帯 ……109
- JCC ……………………………………70
- JCCリスト …………………………163
- JCG ……………………………………70
- JCGリスト …………………………163
- PSK ……………………………15, 148
- QSLカード …………………15, 53, 69
- QSLカードの転送 ……………………38
- QSLカードを並べる順番 ……………74
- QSLビューロー ………………………75
- QSLマネージャー ……………………80
- Q符号 …………………………………56
- RSレポート …………………………50
- RTTY …………………………15, 147
- SASE …………………………………78
- SSB ……………………………………14
- SSTV …………………………15, 148
- SWLカード …………………………73
- UHF帯 …………………………………12
- VHF帯 …………………………………12

【あ・ア行】

- アマチュア局の開局申請 ……………26
- アマチュア無線に割り当てられている周波数帯 …22
- アワード …………………16, 40, 119
- 移動運用 …………………………16, 83
- 衛星通信 ………………………………18

【か・カ行】

- 海外交信 ………………………19, 135
- 各アマチュアバンドの紹介 …………60
- 紙ログ …………………………………67
- 技術基準適合証明 ……………………36
- 記念局 …………………………………43
- 区番号リスト ………………………163
- グリッド・ロケーター …………70, 172
- コール・エリア ………………………52
- 交信の方法 ……………………………46
- 国際返信切手券 ………………………76
- コンテスト ………………17, 40, 103
- コンテスト・ナンバー ……………109

【さ・サ行】

- サイクル …………………………12, 136
- サマリーシートの書き方 …………113
- スポラディックE層 …………………13

【た・タ行】

- 電子ログ ………………………………67
- 電離層 …………………………………11
- 都府県支庁ナンバー表 ……………110

【は・ハ行】

- ハムログ ……………………………125
- バンドプラン …………………………59
- ビューロー ……………………………75
- フォネティック・コード ……………48

【ま・マ行】

- マルチプライヤー …………………115
- 無線局事項書および工事設計書の書き方 …28
- 無線局免許申請書の書き方 …………28

【ら・ラ行】

- ラバースタンプQSO ………………136
- 略語と専門用語 ………………………56
- レピータ ………………………………42
- ログ ……………………………………66
- ログシートの書き方 ………………114
- ログの書き方 …………………………66

【わ・ワ行】

- ワッチ …………………………………45
- 和文通話表 ……………………………51

筆者紹介

JR3QHQ
田中 透(たなか とおる)
1973年(昭和48年)開局
現JARL大阪府支部長,JH3YKV・池田市民アマチュア無線クラブ会員
【現在楽しんでいる無線のジャンル】HF/VHF/サテライトでの国内外交信,海外での運用,DXCC/IOTA,アワード取得(目標)
【筆者からのメッセージ】無線を通じて多くの友人を作り,達成可能な目標を立ててそれを一つ一つクリアしていけば,趣味としてのアマチュア無線が楽しくなります.

JL3JRY
屋田 純喜(おくだ じゅんき)
1985年(昭和59年)開局
JARL兵庫県支部幹事,関西アマチュア無線フェスティバル実行委員長
【現在楽しんでいる無線のジャンル】コンテスト(マルチバンドで参加)
【筆者からのメッセージ】KANHAM,ARISSスクールコンタクトなど,アマチュア無線を通じた子ども向けイベント作りに熱中している.家では3児の父.

JA3DBD
宮本 荘一(みやもと そういち)
1961年(昭和36年)開局
JARL大阪府支部長,QSL委員,改革委員などを歴任.現関西地方本部統括幹事,ACC会員,DIG会員.
【現在楽しんでいる無線のジャンル】アワード,DX,キット製作
【筆者からのメッセージ】無線は広く浅くいろんなジャンルを楽しんでいます.それが長続きの秘訣かもしれません.

7J3AOZ
白原 浩志(しらはら ひろし)
1996年(平成8年)開局
JH3YKV's Amateur Radio Newsの編集
【現在楽しんでいる無線のジャンル】コンテスト,ラグチュー
【筆者からのメッセージ】アマチュア無線はさまざまな楽しみ方がある「趣味の王様」です.いろいろな分野に挑戦してみてください.

- ●**本書記載の社名,製品名について** ── 本書に記載されている社名および製品名は,一般に開発メーカーの登録商標です.なお,本文中では™,®,©の各表示を明記していません.
- ●**本書掲載記事の利用についてのご注意** ── 本書掲載記事は著作権法により保護され,また産業財産権が確立されている場合があります.したがって,記事として掲載された技術情報をもとに製品化をするには,著作権者および産業財産権者の許可が必要です.また,掲載された技術情報を利用することにより発生した損害などに関して,CQ出版社および著作権者ならびに産業財産権者は責任を負いかねますのでご了承ください.
- ●**本書に関するご質問について** ── 直接の電話でのお問い合わせには応じかねます.文章,数式などの記述上の不明点についてのご質問は,必ず往復はがきか返信用封筒を同封した封書でお願いいたします.ご質問は著者に回送し直接回答していただきますので,多少時間がかかります.また,本書の記載範囲を越えるご質問には応じられませんので,ご了承ください.
- ●**本書の複製等について** ── 本書のコピー,スキャン,デジタル化等の無断複製は著作権法上での例外を除き禁じられています.本書を代行業者等の第三者に依頼してスキャンやデジタル化することは,たとえ個人や家庭内の利用でも認められておりません.

JCOPY 〈出版者著作権管理機構委託出版物〉
本書の全部または一部を無断で複写複製(コピー)することは,著作権法上での例外を除き,禁じられています.本書からの複製を希望される場合は,出版者著作権管理機構(TEL:03-5244-5088)にご連絡ください.

ビギナー・ハムのためのオペレーション・マニュアル

2008年9月1日 初版発行
2021年10月1日 第10版発行

© CQ出版社 2008
(無断転載を禁じます)

編集　CQ ham radio編集部
発行人　小澤 拓治
発行所　CQ出版株式会社
〒112-8619 東京都文京区千石4-29-14
電話　販売　03-5395-2141
　　　広告　03-5395-2132
振替　00100-7-10665

ISBN978-4-7898-1510-9
定価はカバーに表示してあります

乱丁,落丁本はお取り替えします
Printed in Japan

編集担当者　沖田 康紀
DTP・印刷・製本　三晃印刷(株)